Educação ambiental: construindo valores humanos através da educação

O selo DIALÓGICA da Editora InterSaberes faz referência às publicações que privilegiam uma linguagem na qual o autor dialoga com o leitor por meio de recursos textuais e visuais, o que torna o conteúdo muito mais dinâmico. São livros que criam um ambiente de interação com o leitor – seu universo cultural, social e de elaboração de conhecimentos –, possibilitando um real processo de interlocução para que a comunicação se efetive.

Educação ambiental: construindo valores humanos através da educação

André Maciel Pelanda

Rodrigo Berté

EDITORA intersaberes

Rua Clara Vendramin, 58
Mossunguê • CEP 81200-170 • Curitiba • PR • Brasil
Fone: (41) 2106-4170
www.intersaberes.com
editora@editoraintersaberes.com.br

- Conselho editorial
  Dr. Ivo José Both (presidente)
  Drª Elena Godoy
  Dr. Neri dos Santos
  Dr. Ulf Gregor Baranow

- Editora-chefe
  Lindsay Azambuja

- Gerente editorial
  Ariadne Nunes Wenger

- Assistente editorial
  Daniela Viroli Pereira Pinto

- Preparação de originais
  Tiago Krelling Marinaska

- Edição de texto
  Fábia Mariela De Biasi
  Tiago Krelling Marinaska

- Capa
  Débora Gipiela (*design*)
  Ardea-studio/Shutterstock (imagens)

- Projeto gráfico
  Mayra Yoshizawa

- Diagramação
  Carolina Perazzoli

- Equipe de *design*
  Débora Gipiela

- Iconografia
  Regina Claudia Cruz Prestes

1ª edição, 2021.

Foi feito o depósito legal.

Informamos que é de inteira responsabilidade dos autores a emissão de conceitos.

Nenhuma parte desta publicação poderá ser reproduzida por qualquer meio ou forma sem a prévia autorização da Editora InterSaberes.

A violação dos direitos autorais é crime estabelecido na Lei n. 9.610/1998 e punido pelo art. 184 do Código Penal.

Dados Internacionais de Catalogação na Publicação (CIP)
(Câmara Brasileira do Livro, SP, Brasil)

Pelanda, André Maciel
  Educação ambiental: construindo valores humanos através da educação/André Maciel Pelanda, Rodrigo Berté. Curitiba: InterSaberes, 2021.

  Bibliografia.
  ISBN 978-65-5517-844-9

  1. Educação 2. Educação – Finalidades e objetivos 3. Educação ambiental 4. Espaços urbanos 5. Professores – Formação 6. Valores humanos I. Berté, Rodrigo. II. Título.

20-47868   CDD-304.2

Índices para catálogo sistemático:
1. Valores humanos: Educação ambiental   304.2
Maria Alice Ferreira – Bibliotecária – CRB-8/7964

Sumário

9   Como aproveitar ao máximo este livro

15   Prefácio

19   Apresentação

Capítulo 1

23   Importância da educação ambiental na formação de professores

32   1.1   Temas ambientais e o processo educativo

33   1.2   Diferentes dimensões dos temas ambientais na formação de educadores

Capítulo 2

43   Potencialidade da Agenda 21 para a educação ambiental

49   2.1   Agenda 21 Escolar

53   2.2   Elaboração da Agenda 21 Escolar

Capítulo 3

67 Utilização de textos básicos e atividades para a reflexão e prática de educação ambiental com alunos do ensino fundamental e ensino médio

70   3.1   Atividades modulares de integração escola/meio ambiente/comunidade

76   3.2   Texto de apoio n. 1: Ciclos da matéria

79   3.3   Texto de apoio n. 2: Unidades de conservação

88   3.4   Texto de apoio n. 3: Resíduos sólidos

96   3.5   Texto de apoio n. 4: Reciclagem

Capítulo 4

111 Propostas de atividades indicadas para alunos do ensino fundamental

113   4.1   Percebendo através dos cinco sentidos

118   4.2   Os animais e as plantas que encontramos diariamente

119   4.3   Percebendo a escola e outros ambientes por meio da matemática

120   4.4   Como se encontra o meu bairro?

121   4.5   Seres vivos e não vivos

121   4.6   Explorando as regiões de seu estado

122   4.7   Perspectiva ambiental: ambiente natural e antropizado

124   4.8   Dramatização do ambiente

125   4.9   Jogo lúdico

127   4.10   Abordagem de situações-problema

128 4.11 Atividade *in loco*: trabalho de campo

130 4.12 Estudo de espécies arbóreas nativas

132 4.13 Criação de um Clube de Amigos da Natureza

Capítulo 5
139 Utilização de técnicas e recursos didáticos para a aplicação de programas de educação ambiental com alunos do ensino médio

141 5.1 Introdução à pesquisa

146 5.2 Trabalho em grupo

146 5.3 Palestra

147 5.4 Seminário

148 5.5 Mesa-redonda

148 5.6 Debate

149 5.7 Reportagem

150 5.8 Relatório

150 5.9 Comunicação oral/visual

151 5.10 Conversação dirigida

152 5.11 Cochicho

152 5.12 Cópia/ditado

153 5.13 Leitura

153 5.14 Interpretação de textos

154 5.15 Poesia

154 5.16 Maquete

155 5.17 Cartaz/gravuras

155	5.18	Álbuns de figurinhas
156	5.19	Painéis/murais/quadros
156	5.20	Álbum seriado
157	5.21	Histórias em quadrinhos
157	5.22	Excursão/visita/passeios
158	5.23	Exposição

Capítulo 6

163 O uso de tecnologias para a educação ambiental

165	6.1	Panorama atual
167	6.2	A educação ambiental e as novas tecnologias de informação e comunicação

177	Considerações finais
179	Referências
186	Apêndice A
191	Apêndice B
193	Respostas
197	Sobre os autores

Como aproveitar ao máximo este livro

9

Empregamos nesta obra recursos que visam enriquecer seu aprendizado, facilitar a compreensão dos conteúdos e tornar a leitura mais dinâmica. Conheça a seguir cada uma dessas ferramentas e saiba como estão distribuídas no decorrer deste livro para bem aproveitá-las.

Introdução do capítulo

Logo na abertura do capítulo, informamos os temas de estudo e os objetivos de aprendizagem que serão nele abrangidos, fazendo considerações preliminares sobre as temáticas em foco.

10

Pense a respeito

Aqui você encontra reflexões que fazem um convite à leitura, acompanhadas de uma análise sobre o assunto.

Importante!

Algumas das informações centrais para a compreensão da obra aparecem nesta seção. Aproveite para refletir sobre os conteúdos apresentados.

Fique atento!

Ao longo de nossa explanação, destacamos informações essenciais para a compreensão dos temas tratados nos capítulos.

Para saber mais

Sugerimos a leitura de diferentes conteúdos digitais e impressos para que você aprofunde sua aprendizagem e siga buscando conhecimento.

Síntese

Ao final de cada capítulo, relacionamos as principais informações nele abordadas a fim de que você avalie as conclusões a que chegou, confirmando-as ou redefinindo-as.

Atividades de autoavaliação

Apresentamos estas questões objetivas para que você verifique o grau de assimilação dos conceitos examinados, motivando-se a progredir em seus estudos.

Atividades de aprendizagem

Aqui apresentamos questões que aproximam conhecimentos teóricos e práticos a fim de que você analise criticamente determinado assunto.

Prefácio

Dos tempos da primavera silenciosa aos da primavera em *Educação ambiental: construindo valores humanos através da educação*, a formação de professores para o desenvolvimento de uma práxis sistêmica e multidimensional passou por várias mudanças, começando pela exaltação em projetos pontuais até chegar ao desenvolvimento do discurso de valores éticos e socioecológicos, que concebem a preservação do meio ambiente como modo de possibilitarmos uma vida digna e sustentável para as gerações que ainda não têm nome.

Rodrigo Berté é ambientalista, professor, diretor, pesquisador e, além de qualquer adjetivo que a lógica contemporânea possa solicitar para credenciar os grandes profissionais, um ser humano ímpar, por sua integridade, pelo discurso coerente em distintas situações, pela preservação da multicultura, pela persistência na causa educacional e pela crença de que é possível, de maneira colaborativa, plantarmos um legado que ultrapasse os discursos e se estabeleça com práticas socioambientais no cotidiano da sociedade.

André Maciel Pelanda é um profissional talhado dentro da área de educação, governança e sustentabilidade, com pesquisas que tratam de ornitologia e desenvolvimento sustentável. Com o desenvolvimento de suas práxis revolucionárias na educação a distância, tem ajudado na formação das novas gerações.

A obra *Educação ambiental: construindo valores humanos através da educação* ultrapassa os discursos de preservação de meio ambiente e sustentabilidade, mas reconhece seus limites, pois seu objetivo primordial é dar suporte ao professor, apresentando percepções teóricas e práticas de atividades que podem ser incorporadas no cotidiano da educação básica de forma sistêmica.

No Capítulo 1, "A importância da educação ambiental na formação de professores", expõem-se as concepções epistemológicas dos autores e demonstra-se a importância na formação de professores para as temáticas abordadas e a necessidade de superarmos as posições de otimismo e ilusão pedagógicas que estão arraigadas em algumas ações docentes.

Em "A utilização de textos básicos e atividades para a reflexão e prática de educação ambiental", Capítulo 2, enfatiza-se a práxis educacional, mesclando momentos de teoria com práticas pedagógicas para aulas de campo na educação básica. Assim, o leitor pode ter acesso às teorias basilares articuladas às técnicas específicas da área ambiental.

O Capítulo 3, "Propostas de atividades", constitui-se em um roteiro de atividades que podem ser aplicadas no cotidiano da educação básica. Há desde atividades em que se aprimoram habilidades com os cinco sentidos até aquelas em que se trabalha o reconhecimento das características ambientais do bairro. Essa parte do texto permite, com base em atividades cotidianas, o desenvolvimento de uma visão sistêmica e multidisciplinar da preservação do meio ambiente e de qualidade de vida.

O Capítulo 4, "Utilização de técnicas e recursos didáticos para a aplicação de programas de educação ambiental", avança na discussão das práticas pedagógicas cotidianas e apresenta projetos de longa duração como uma das alternativas didáticas coerentes com o aluno e, principalmente, com a construção de práticas que ultrapassem momentos pontuais, além de trazer uma luz a partir da legislação da área ambiental.

Quando nos deparamos com obras que relutam em ser rotuladas, pois conseguem dimensionar a epistemologia com base em outros olhares e a mesclam com práticas pedagógicas cotidianas, resta-nos parabenizar os autores.

A linha tênue entre pragmatismo e purismo acadêmico é um caminho que somente aqueles que reconhecem o labor e as teorias podem vencer. Quiçá pudéssemos vivenciar leituras que conseguissem nos transportar do mundo das ideias para o empreendedorismo que a realidade necessita e viver todas as estações que transitam entre o plantio, a colheita e o respeito dos bens naturais e imateriais dos quais os seres humanos têm se beneficiado por sua passagem por esta aldeia intitulada Terra.

Profª. Drª. Dinamara Pereira Machado
Diretora da Escola de Educação do Centro
Universitário Uninter

Apresentação

A ocupação massiva de populações em espaços urbanos traz consigo inúmeros problemas ambientais decorrentes da má-gestão das cidades e da ausência de uma consciência ambiental por parte significativa da sociedade, o que acaba refletindo em uma degradação da qualidade de vida dos agrupamentos desses locais. Essa dinâmica nos possibilita refletir sobre os desafios pelos quais passam iniciativas que visam a uma superação desse cenário, já que envolvem uma alteração nas maneiras de agir e pensar em torno das questões ambientais.

Com base nesse panorama descrito, a educação ambiental se apresenta como uma alternativa que viabiliza a sensibilização das populações em torno das demandas que envolvem a preservação do meio ambiente e dos problemas decorrentes de ações danosas aos ambientes naturais. Trata-se de uma área do conhecimento que passou por inúmeros percalços e desafios e que, com a perseverança dos envolvidos, produziu resultados cujas repercussões sentimos até a atualidade.

No ano de 1977, foi realizada a Conferência Intergovernamental de Tbilisi, na Geórgia, considerada um dos primeiros eventos realizados na área de educação ambiental. A ocasião foi promovida por meio da parceria entre a Organização das Nações Unidas para a Educação, a Ciência e a Cultura (Unesco) e o Programa de Meio Ambiente da ONU (Pnuma), que resultou na geração de definições, objetivos, princípios e estratégias para a educação ambiental em âmbito global. O evento estabeleceu que os processos educativos deveriam ser direcionados para temas que envolvessem a resolução de problemas ambientais de forma eficaz, envolvendo ações interdisciplinares destinadas a uma atuação responsável de toda a coletividade.

No cenário brasileiro, em um período anterior à sua institucionalização, a educação com ênfase no respeito ao meio ambiente surgiu como uma educação não sistemática e fora do âmbito do Estado, sendo influenciada pelos movimentos ecologistas internacionais, que passaram a ter um destaque a partir da década de 1960.

Na esfera federal, a institucionalização da educação ambiental teve início no ano de 1973, durante o governo de Emílio Garrastazu Médici, com a criação da Secretaria Especial do Meio Ambiente (Sema); oito anos depois, foi estabelecida a Política Nacional de Meio Ambiente (PNMA). Com a promulgação da Constituição Federal no ano de 1988, no art. 225, inciso VI, a Carta Magna passou a apontar a necessidade de "promover a Educação Ambiental em todos os níveis de ensino e a conscientização pública para a preservação do meio ambiente" (Brasil, 1988).

O processo de desenvolvimento sustentável passou a ter um grande destaque na sociedade brasileira a partir das discussões geradas na Conferência das Nações Unidas sobre o Meio Ambiente e o Desenvolvimento, também conhecida como *Eco-92*, culminando na criação do Ministério do Meio Ambiente em 1994 e na criação da Câmara Técnica Temporária de Educação Ambiental no Conselho Nacional de Meio Ambiente (Conama) no ano de 1995.

Em 1996, foi criado, no âmbito do Ministério do Meio Ambiente (MMA), o Grupo de Trabalho de Educação Ambiental, que firmou um protocolo de intenções com o Ministério da Educação (MEC) com vistas a uma cooperação técnica e institucional em Educação Ambiental, configurando-se em um canal formal para o desenvolvimento de ações conjuntas.

Após um período de debates, no ano de 1997, foram aprovados os Parâmetros Curriculares Nacionais (PCN), um incentivo que visava apoiar as escolas em seus projetos educativos. Esses referenciais contam com procedimentos relacionados a atitudes e valores no ambiente escolar e tratam de temas relevantes de abrangência nacional, entre eles o meio ambiente.

Finalmente, no ano de 1999, foi aprovada a Lei n. 9.795, de 27 de abril (Brasil, 1999), que dispõe sobre a Política Nacional de Educação Ambiental, com a criação da Coordenação-Geral de Educação Ambiental (CGEA) no MEC e da Diretoria de Educação Ambiental (DEA) no MMA.

Com a criação da Política Nacional da Educação Ambiental e, posteriormente, com sua regulamentação por meio do Decreto n. 4.281, de 25 de junho de 2002 (Brasil, 2002), os educadores passaram a ter mais informações para promover e exigir do Poder Público as ações que visam à cidadania e à proteção do meio ambiente, incentivando os espaços escolares a se tornarem cada vez mais locais privilegiados para a aplicação de programas de educação ambiental, já que permitem a integração do convívio social e o desenvolvimento dos alunos, sendo este um de seus principais objetivos. Esta obra concentra-se justamente na defesa da importância de iniciativas educacionais realizadas no âmbito escolar, trazendo em seu bojo sugestões de trabalho em sala de aula para o desenvolvimento de uma consciência profundamente arraigada em conceitos ambientais éticos por parte das novas gerações.

Importância da educação ambiental na formação de professores

A visão do meio ambiente como fonte inesgotável de recursos naturais acompanha o imaginário do ser humano desde tempos imemoriais. Por milhões de anos, bastava que algum recurso natural se tornasse escasso em uma região em que o homem havia se estabelecido para que coletividades prontamente se deslocassem para outros locais em que os recursos fossem abundantes, e que os danos infligidos ao local anterior fossem reparados (assim se pensava) pela própria natureza. Esse ideal equivocado foi sistematicamente transmitido no decorrer das gerações, até que os problemas ambientais atingiram um nível de degradação inimaginável até então.

Na contemporaneidade, podemos observar que predomina, em uma parcela considerável da sociedade, o paradigma da visão antropocêntrica, segundo o qual o ser humano é considerado superior aos demais organismos presentes no planeta Terra e senhor da natureza, que, nessa perspectiva, é tida como um sistema mecânico e morto, e não um sistema vivo e dinâmico. Esse ponto de vista caracteriza-se por uma fragmentação da sociedade, do homem e da natureza e seus recursos naturais, que poderiam ser dominados e explorados ilimitadamente; além disso, essa abordagem da realidade baseia-se na concepção de progresso como acumulação de bens e riquezas.

Nesse contexto, a apologia ao desenvolvimento visando somente às necessidades imediatas é demonstrada pela carência de solidariedade: encontramo-nos em um período marcado pelo desprezo ao direito das gerações futuras de atenderem às suas próprias demandas por um ambiente saudável e equilibrado, assim como pela desconsideração ao próximo e a outras formas de vida (Mininni-Medina, 1998; Capra, 1982). Esses fatores criaram uma sociedade caótica em todos os sentidos, em que os valores éticos socioecológicos, como o respeito ao meio ambiente e a todos os seres do planeta, são vistos com indiferença.

Como um tipo de oposição a essa espécie de "ética", acabou surgindo outra (às vezes inconsequente), que ficou conhecida como *ética biocêntrica*, caracterizada pela carência de objetivos civilizatórios e pelo respeito ao proposto cósmico como o alcance do equilíbrio do meio ambiente, no qual os seres vivos apresentam uma mesma dimensão, ou seja, o homem passar a ter a mesma importância de outras formas de vida presentes na Terra (Buarque, 1993).

Posteriormente surgiu outra proposta: a ética multidimensional, uma alternativa na qual o homem, renovado, passaria a ser consciente de seu propósito no meio ambiente e de seu lugar no meio ambiente como parte indissociável dele, mantendo o diálogo com seus próximos, com a natureza, com outros organismos e com a Terra em si. Essa nova ética embasava-se em novos valores de cooperação, qualidade, participação e integração, considerando a vida em todas as suas dimensões. A ética multidimensional apresenta características reguladoras, propondo a vida em um mundo em que "os significados tenham a ver com os propósitos da sociedade; a demanda se aproxima da necessidade; o custo considere a destruição ecológica e os danos sociais" (Buarque, 1993).

Ainda que os princípios da ética se manifestem em diferentes medidas nas relações de poder, a racionalidade ambiental não exige o poder traduzido como domínio sobre os outros, mas uma modalidade de poder na qual ele é concedido também aos outros, com a finalidade de fortalecer o processo decisório, com formas dinâmicas, democráticas, participativas e descentralizadas.

A seguir, apresentamos algumas características da ética multidimensional, segundo Berté (2004):

- visão sistêmica do mundo e da vida;
- reconhecimento dos limites do uso da natureza e da limitação dos recursos naturais;
- compromisso com a construção do desenvolvimento sustentável, em uma perspectiva presente e futura;
- satisfação das necessidades básicas: materiais, culturais e psicossociais;
- respeito à diversidade cultural, étnica, política e religiosa;
- valorização do outro;
- responsabilidade individual e social com nossas atitudes;
- reconhecimento do direito à vida de todos os seres e todas as espécies;
- comprometimento com os direitos humanos, democracia, paz, justiça e amor.

Ainda conforme Berté (2004), existem características do paradigma ambiental que se apresentam como base para construção dos seguintes elementos:

- Ética multidimensional e racionalidade ambiental, anteriormente mencionados.
- Pensamento sistêmico: existe a necessidade de que trabalhemos com o apoio de uma visão sistêmica de mundo, por meio do estabelecimento de relações de cooperação e integração em que as partes devem ser entendidas a partir da dinâmica do todo.

- Nova ciência: as ciências, de maneira geral, devem ser trabalhadas de forma articulada, interdependente, interdisciplinar e transdisciplinar.

- Novo conceito de progresso: o conceito de progresso vigente precisa ser revisto e reformulado, pois não é consenso que todo o tipo de avanço tecnológico e científico realmente representa um avanço, pois devemos levar em consideração suas repercussões na natureza e na sociedade. Há desenvolvimento de fato quando há um escandaloso acúmulo de bens por parte de uma pequena minoria na sociedade, enquanto a grande maioria padece com inadequadas condições de vida? Afinal, o que significa *progresso*?

- Uma sociedade não pode ser classificada como progressista se o único ponto de vista considerado é o da ciência, da técnica e do acúmulo de bens materiais (Toffler, 1980). Segundo Berté (2004), o progresso deve ser visto também sob a perspectiva de uma qualidade ambiental e qualidade de vida.

- O acesso amplo aos bens básicos, tanto materiais quanto culturais e psicossociais.

- A produção deve ser concebida de modo a não agredir e inviabilizar os ecossistemas e recursos naturais; em outras palavras, conceber uma produção não espoliativa.

Atualmente, vivemos em uma sociedade onde é possível constatar que valores se encontram em declínio, principalmente, no que se refere à relação do ser humano com a natureza. Tendo em vista que o homem é parte integrante do meio ambiente, é necessária uma adequação de seu modo de vida para que seja possível uma transformação da realidade.

A crise ambiental foi reconhecida por diferentes grupos sociais, em distintas regiões do planeta Terra, no período entre o final da década de 1960 e início de 1970, e algumas ações são realizadas até a atualidade, a fim de que esse processo possa ser compreendido. Essas iniciativas constituem-se de tarefas elementares, mas extensas, como o mapeamento e a identificação de várias situações de impactos ambientais até o desenvolvimento de atividades mais arrojadas, com o intuito de propor modelos explicativos que permitam compreender a base dos padrões de relação das sociedades humanas com os demais elementos que compõem o meio ambiente.

Paralelamente às ações realizadas para a compreensão, explicação e construção de características relacionadas à temática ambiental, as tentativas de busca de novos modelos de conscientização ambiental seguem com a finalidade de fazer frente às tendências de degradação e destruição dos ambientes naturais, considerando seu sentido mais amplo.

Fique atento!

É interessante observar que, muitas vezes, em atividades dessa natureza, deparamo-nos de uma forma geral com o que se pode considerar "consenso aparente": vários segmentos da sociedade reconhecem a complexidade e a gravidade do quadro ambiental atual, bem como a necessidade da criação de medidas que possam, em determinados casos, ao menos interromper o processo e, em outros, criar a possibilidade de revertê-los. Com base na comprovação dessa "aparente concordância", Alphandéry et al. (1992, p. 18) entendem ser a questão ambiental "um problema que é agora objeto de um consenso tão espetacular quanto ambíguo".

Assim, determinadas demandas de elevada importância ultrapassam aspectos considerados meramente técnicos que fluem do debate ecológico e nos colocam diante de aspectos político-ideológicos dessa discussão, fatores que necessitam ser constantemente enfatizados no sentido de recuperar debates embargados e, além disso, avaliar as razões que cercam tais embargos.

No decorrer do tempo, o ser humano desenvolveu atividades econômicas que ignoravam qualquer tipo de cuidado com o meio ambiente, já que a preocupação principal residia no retorno financeiro dessas iniciativas. Na atualidade, podemos observar que a situação chegou a tal nível de gravidade que uma convivência harmônica entre o homem e o meio ambiente não é mais uma simples opção, pois os problemas ambientais passaram a ter dimensões alarmantes. Caso não sejam buscadas soluções para reverter esse processo de degradação, a qualidade de vida e a própria sobrevivência humana, que já se encontram em risco, estarão ainda mais comprometidas.

Pense a respeito

Convém destacar que os primeiros resultados das análises que apresentaram o preocupante cenário anteriormente citado foram realizados por ambientalistas sem formação nas ciências sociais e, portanto, não levaram deliberadamente em conta determinados modelos de sociedade e ideias de como os seres humanos vivem e desenvolvem seus trabalhos juntos, ainda que esses conceitos estivessem de alguma maneira expressos nos estudos ambientais. Assim, cabe perguntar: Quais modelos de sociedade são contemplados pelos debates ambientalistas? Quais premissas se encontram ali implícitas sobre a natureza do homem e da sociedade? Além disso,

> há outro fator a ser levado em conta: distintas visões dos processos sociais gerarão diferentes programas de ações. Assim, podemos nos questionar: Quais são as consequências concretas do modelo de sociedade, explícito ou implícito, que um indivíduo assume em relação às propostas de trabalho que ele desenvolve no cenário ambiental?

É fundamental que nos concentremos nas questões apresentadas pelo movimento ambientalista sempre procurando compreender as reais implicações que surgem do discurso ecológico para os diferentes segmentos das atividades humanas. Essa é a oportunidade que temos para evitar interpretações ingênuas e fugir dos perigos de modismos que a humanidade vem reproduzindo incansavelmente no decorrer da história e que podem redundar na inviabilização total do uso de determinados recursos naturais que são necessários atualmente, os quais, se forem utilizados racionalmente e de forma sustentável, podem ser perfeitamente usufruídos sem comprometer sua capacidade de reposição natural.

Para gerar essa conscientização tão importante para a manutenção do nosso mundo, as escolas têm a capacidade de gerar um impacto expressivo, pois os trabalhos desenvolvidos pelos profissionais da área de educação abrem um caminho para que os alunos reflitam acerca de seus papéis como cidadãos na proteção do meio ambiente. Nessa trajetória, a inclusão da educação ambiental em currículos escolares permite que os educadores possam desenvolver estratégias educacionais dinâmicas que despertem em seus alunos atenção e sensibilização às questões ligadas ao meio ambiente. Dessa maneira, na sequência da obra, destacaremos a importância da relação das temáticas ambientais no desenvolvimento do processo educativo.

1.1 Temas ambientais e o processo educativo

A atualidade é marcada pela procura por modelos de ação para minimizar, corrigir ou reverter situações de impactos ambientais, bem como por setores alternativos que promovam transformações radicais dos padrões da relação entre homem/sociedade/natureza.

Convém destacar que, hoje, existe uma forte tendência nos distintos setores sociais em reconhecer os processos educativos como uma alternativa geradora de mudanças nos valores da sociedade, de modo a alterar o atual quadro de degradação do ambiente com o qual nos deparamos. Segundo Berté (2004), independentemente do modelo adotado para explicar o atual estado de agressão à natureza, os processos educativos são sempre apresentados como um agente de transformação que gera a possibilidade de alterar esse quadro.

No entanto, muitas das contribuições dos processos educativos para a geração das mudanças ambientais almejadas ocorrem de maneira supervalorizada, que acabam levando a um processo de idealização ou mistificação. Faz-se necessário atentar para o embate que se apresenta, na contemporaneidade, relativo ao entendimento dos limites e das reais possibilidades dos processos educativos como alternativas para o "enfrentamento da crise". Assim, é necessário reconhecer, como Cury (1985), que as perspectivas da educação se expressam primeiramente na consciência de seus limites, com projetos que podem vir a não ser realizados e programas que podem não ser concluídos. Uma alternativa para evitar esse tipo de idealização consiste em mapear as possíveis implicações da temática ambiental no processo educativo.

Em razão da força e do papel atribuídos ao trabalho educativo relacionado às questões ambientais, é comum encontrarmos determinadas posições ou argumentos que alguns autores definem como "ilusão pedagógica", "otimismo pedagógico" ou, ainda, "entusiasmo pela educação" (Nagle, 1974; Compiani, 2017).

Na sequência, trataremos dos aspectos que consideramos básicos no que se refere às práticas educacionais relacionadas à temática ambiental e, de forma particular, aos programas de formação de educadores que trabalham com questões dessa natureza.

1.2 Diferentes dimensões dos temas ambientais na formação de educadores

Nesta obra, não pretendemos assumir um caráter impositivo quanto ao seu conteúdo e, portanto, recomendamos sua utilização como instrumento de apoio à prática de educação ambiental e referência, com base em disciplinas regulares do ensino fundamental e ensino médio, podendo estender-se às atividades extracurriculares e extraclasse.

Segundo Berté (2004, p. 19), três dimensões se apresentam como fundamentais na formação do educador:

1. a dimensão relacionada à natureza dos conhecimentos presentes nos diferentes programas de formação;

2. a dimensão relacionada aos valores éticos e estéticos que têm sido vinculados pelos mesmos;

3. o tratamento dado às possibilidades de participação política do indivíduo, tendo como meta a formação de cidadãos e a construção de uma sociedade democrática.

Este livro é fundamentado em pesquisas e análises acerca dos itens apresentados a seguir:

- Temáticas básicas de ecologia, meio ambiente e educação ambiental, com características teóricas e conceituais.
- Resultados das experiências e registros de práticas relacionadas aos processos de educação ambiental, principalmente, no que se refere às práticas realizadas na rede formal de ensino.
- Dos conteúdos trabalhados no Guia Curricular proposto para o ensino fundamental nas propostas dos PCN e na Lei de Política Nacional de Educação Ambiental (Brasil, 1999).

O exame dos dados oriundos da pesquisa que deu origem a esta obra, além das informações que foram geradas de experiências-piloto, permitiu a percepção de determinadas tendências, de caráter crítico, que foram fundamentais para viabilizar a iniciativa de repensar a questão da educação ambiental. De acordo com Berté (2004, p. 20), as tendências mais importantes são as elencadas a seguir:

- A predominância de uma visão centrada na biologia e a carência de uma abordagem social do Meio Ambiente;
- A tendência em colocar o homem dissociado do ambiente;

- A tendência para a criação de uma disciplina específica relativa à Educação Ambiental;

- A constatação de que a educação ambiental é comumente associada à disciplina de Ciências;

- A dissociação entre escola e o meio;

- O predomínio de uma visão e de um comportamento conservacionista e preservacionista;

- Uma frágil utilização de linguagens e instrumentos, tais como a intuição, a percepção sensorial, a poesia;

- Uma subutilização da estrutura curricular como instrumento perfeito à prática de Educação Ambiental, a partir do seu conteúdo programático.

Com base na menção desses elementos, Berté (2004, p. 21) elaborou uma nova concepção metodológica de trabalho para a educação ambiental, à qual são incorporadas:

- Uma abordagem biológica e social;

- Uma visão globalizante, multi e interdisciplinar, promovendo a integração entre as disciplinas, a escola, o meio e a comunidade;

- O uso de uma linguagem que ultrapassa a fronteira da ciência e da técnica;

- Metodologia de treinamento que conduz os treinandos à reflexão e à expressão do seu saber vivenciando o seu embricamento com o saber pesquisado cientificamente;

- Criação de temas que possibilitem uma concepção mais abrangente e crítica das questões ambientais;

- A inserção das atividades de Educação Ambiental as diretrizes curriculares nacionais básicas (DCN) e não apenas como projetos adicionais.

Essas caraterísticas conferem uma identidade específica ao projeto. Uma vez transformadas em instrumentos teóricos e práticos de trabalho, essas especificidades são incorporadas nesta obra, que tem a pretensão de contribuir com os educadores, que, conscientes da importância da educação ambiental, buscam por meios eficientes realizá-la nas situações concretas do ensino escolar.

Síntese

Neste capítulo, abordamos brevemente a emergência de uma grave crise que ameaça o meio ambiente em âmbito global e, portanto, a sobrevivência dos seres humanos e de todas as demais formas de vida no planeta. Em seguida, demonstramos como, a partir das décadas de 1960 e 1970, vários segmentos sociais passaram a empreender discussões relevantes sobre a necessidade de se mitigar os prejuízos já causados à Terra e de elaborar iniciativas que possibilitem a manutenção da vida no planeta de modo sustentável. Na sequência, tratamos do papel fundamental que a educação ambiental pode exercer na conscientização das novas gerações sobre esse sério problema, e evidenciamos como as temáticas ambientais se relacionam ao processo educativo e como os problemas ambientais podem afetar a qualidade de vida das próprias populações humanas.

Por fim, apresentamos os recortes teóricos que deram base à construção desta obra e defendemos que a educação permite a transformação da realidade que nos envolve e que, dessa maneira, os valores ambientais podem ser transmitidos por meio dos processos educativos, possibilitando um ambiente harmônico entre o ser humano e a natureza.

Atividades de autoavaliação

1. Analise as afirmativas a seguir e indique V para as proposições verdadeiras e F para as proposições falsas.

( ) No decorrer do tempo, o ser humano desenvolveu atividades econômicas sem ter o devido cuidado com o meio ambiente.

( ) A inclusão da educação ambiental em currículos escolares permite que os educadores possam desenvolver estratégias educacionais dinâmicas, que despertem a atenção e uma sensibilização em seus alunos com relação às questões ligadas ao meio ambiente.

( ) As escolas apresentam a capacidade de gerar um impacto somente sobre os alunos; essa influência não atinge a sociedade de uma maneira geral.

Agora, assinale a alternativa que indica a sequência correta:

a) V, F, F.

b) F, V, F.

c) V, V, F.

d) V, V, V.

e) F, F, F.

2. A partir de qual década a crise ambiental foi caracterizada e reconhecida por diferentes grupos sociais em distintas regiões do mundo?

a) 1930.

b) 1960.

c) 1990.

d) 2000.

e) 1940.

3. Quais são as dimensões fundamentais na formação do educador?

I A dimensão relacionada à natureza dos conhecimentos presentes nos diferentes programas de formação.

II A dimensão relacionada aos valores éticos e estéticos que têm sido vinculados pelos programas de formação.

III O tratamento dado às possibilidades de participação política do indivíduo, tendo como meta a formação de cidadãos e a construção de uma sociedade democrática.

Assinale a alternativa que apresenta o(s) item(ns) correto(s):

a) I.

b) II.

c) I e II.

d) II e III.

e) I, II e III.

4. Analise as afirmativas a seguir e indique V para as proposições verdadeiras e F para as proposições falsas.

( ) As escolas apresentam a capacidade de gerar um impacto inexpressivo na sociedade; os trabalhos desenvolvidos pelos profissionais da área de educação não ultrapassam os ambientes escolares.

( ) A inclusão da educação ambiental em currículos escolares não gera uma sensibilização nos alunos com relação às questões ligadas ao meio ambiente.

( ) A convivência harmônica entre o homem e o meio ambiente na atualidade não é uma simples opção, já que os problemas ambientais passaram a ter dimensões alarmantes – caso não sejam buscadas soluções para reverter esse processo de degradação, a qualidade de vida e a própria sobrevivência humana podem ser colocadas em risco.

Agora, assinale a alternativa que indica a sequência correta:

a) F, V, V.

b) F, V, F.

c) V, V, F.

d) V, F, V.

e) F, F, F.

5. A procura por determinados modelos de ação com a finalidade de minimizar, corrigir ou reverter situações de impactos ambientais envolve uma relação entre quais elementos?

I Ser humano

II Sociedade

III Natureza

Assinale a alternativa que apresenta o(s) item(ns) correto(s):

a) I.

b) II.

c) I e II.

d) II e III.

e) I, II e III.

Atividades de aprendizagem
Questões para reflexão

1. Com base nas discussões sobre a problemática ambiental, principalmente a partir da década de 1960, em sua opinião, qual é a importância das reflexões acerca da implementação da sustentabilidade em ambientes rurais e urbanos?

2. Em sua opinião, a educação ambiental pode contribuir para uma melhoria na condição de vida das populações humanas? Por quê?

Atividade aplicada: prática

1. Visite a Secretaria de Meio Ambiente de seu estado ou município, verifique quais ações relacionadas à educação ambiental são realizadas e proponha sugestões com base nos conhecimentos adquiridos por meio da leitura deste capítulo.

Potencialidade da Agenda 21 para a educação ambiental

A partir das discussões que ocorreram na Conferência das Nações Unidas sobre o Meio Ambiente e o Desenvolvimento promovida em 1992, no Rio de Janeiro (Rio-92), foi instituída a Comissão de Políticas de Desenvolvimento Sustentável (CPDS) e a Agenda 21.

> **Importante!**
>
> A Agenda 21 global é um documento que defende a importância de cada país comprometer-se a refletir global e localmente sobre como empresas, governos, organizações não governamentais (ONGs) e demais segmentos da sociedade possam cooperar na busca pela solução dos problemas socioambientais. Com o advento dessa proposta, cada país desenvolveu sua própria Agenda 21 Nacional, elaborada feita de acordo com especificidades de cada país, para evitar, por exemplo, que nações com uma situação econômica fragilizada sucumbissem diante de interesses de Estados mais desenvolvidos. Além do documento anteriormente citado, cada país criou a Agenda 21 Local, com a abrangência municipal ou local, observando as características e as peculiaridades de cada região.

Assim como a Agenda 21 dos outros países signatários, a do Brasil é fruto de discussões que buscam um planejamento participativo que visa ao desenvolvimento sustentável, compatibilizando os eixos econômico, ambiental e social. Seis foram os temas escolhidos para compor a Agenda 21 brasileira:

Quadro 2.1 – Temas fundamentais da Agenda 21 brasileira

1. Agricultura sustentável	As práticas agrícolas devem visar à produção de alimentos que prime pela conservação dos recursos naturais e pelo fornecimento de produtos mais saudáveis para o consumo humano.
2. Cidades sustentáveis	As cidades devem ser planejadas de modo a não agredir os recursos naturais e os patrimônios culturais.
3. Infraestrutura e integração regional	É necessário que sistemas de financiamento e de gestão de infraestrutura sejam verificados, visto que são inerentemente vinculados.
4. Gestão dos recursos naturais	Gerir recursos naturais de maneira sustentável requer que governos e sociedade tenham uma postura ambiental que abranja vários fatores e elaborem medidas de controle da qualidade ambiental que visem à perpetuação da disponibilidade desses recursos para os anos por vir.
5. Redução das desigualdades sociais	A Agenda 21 demanda a concepção de mecanismos estratégicos para promover formas alternativas de trabalho e geração de renda, sobretudo para as populações menos favorecidas.
6. Ciência e tecnologia para o desenvolvimento sustentável	Estreitar os laços entre conhecimento científico, inovações tecnológicas e mudanças sociais em busca da sustentabilidade econômica, social e ecológica.

Fonte: Elaborado com base em Agenda 21..., 2004.

O documento que visa à sistematização das discussões que ocorreram na Agenda 21 foi dividido em quatro capítulos:

Quadro 2.2 – Capítulos da Agenda 21 brasileira

1. O desafio da sustentabilidade no Brasil	São demonstrados os grandes desafios a serem enfrentados pelo governo e pela sociedade para chegar ao "*triple bottom line*" da sustentabilidade, ou seja, a consonância dos aspectos sociais, ambientais e econômicos.
2. Os alicerces da construção	É exposta resumidamente a forma como a Agenda 21 brasileira foi construída, bem como apresenta os pontos de vista explicitados nos debates sobre o marco conceitual do desenvolvimento sustentável, elencando as características inerentes a cada tópico.
3. Os entraves à sustentabilidade	São demonstrados os obstáculos impostos às iniciativas sustentáveis de acordo com diferentes pontos de vista dos mais diversos nichos sobre as problemáticas relacionadas a aspectos sociais, ambientais e econômicos na atualidade.
4. As propostas para a construção da sustentabilidade	Um conjunto de propostas com intenções expressas da sociedade consta nos documentos temáticos, visando à ampliação do debate e à construção de um projeto para o país, no qual deve haver a participação de todas as camadas da sociedade brasileira. As propostas reconhecidas devem ser discutidas pela sociedade, de modo a superar os desafios encontrados na busca pelo desenvolvimento sustentável.

Fonte: Elaborado com base em Brasil, 2000.

A implementação da Agenda 21 gerou uma grande expectativa de sensibilizar a sociedade para a preservação ambiental, associando de maneira equilibrada os aspectos econômicos, sociais e ambientais, procurando conciliar o desenvolvimento à manutenção dos ecossistemas.Entre os anos de 1996 e 2002, foi consolidada a primeira fase da Agenda 21 brasileira, coordenada pela CPDS, que contou com contribuições de cerca de 40 mil pessoas de todo o Brasil e gerou um documento no ano de conclusão do processo, em 2002. De acordo com Cruz e Zanon (2010), quando do compromisso das nações signatárias da Conferência Rio-92 de assumir o desafio de promover uma mudança filosófica do conceito de desenvolvimento, buscando a prática harmônica entre meio ambiente, sociedade e economia, foi criada, por decreto presidencial, a já citada CPDS da Agenda 21, responsável pelo processo de planejamento participativo que diagnostica e analisa a situação do país, das respectivas regiões, dos estados e dos municípios, para, com base nos dados obtidos, planejar seu futuro de forma sustentável (Cnumad, 2020).

A partir do ano de 2003, a Agenda 21 brasileira entrou na fase de implementação e foi condicionada ao Programa do Plano Plurianual 2004-2007. O estágio ganhou robustez e se solidificou como um instrumento fundamental para a busca da sustentabilidade no Brasil, tendo como diretrizes a transversalidade, o desenvolvimento sustentável e o fortalecimento do Sistema Nacional de Meio Ambiente (Sisnama). Atualmente, a Agenda 21 brasileira é caraterizada por ser um dos grandes instrumentos de formação de políticas públicas no Brasil.

Importante!

Um dos maiores méritos da Agenda 21 brasileira foi ter contado com uma participação significativa das Agendas 21 locais, o que possibilitou a contribuição da população em esferas decisórias, resultando em um planejamento participativo.

Entre os muitos acordos internacionais criados com vistas ao desenvolvimento sustentável nas últimas décadas, especialmente aqueles que visam ao controle da poluição e ao uso racional dos recursos naturais, a Agenda 21 tem fundamental importância de sua atuação como um guia de desenvolvimento do futuro do Brasil, buscando a diminuição das desigualdades sociais e a promoção de um progresso econômico que concilie a preservação ambiental.

Para que o projeto da Agenda 21 Local seja implementado com sucesso, toda a comunidade deve ter participação ativa. Portanto, os estados, os municípios e as comunidades têm um papel fundamental na Agenda 21 brasileira, possibilitando a criação de um plano de sustentabilidade que promova qualidade de vida para toda a sociedade.

Ressaltando o que afirmamos até este ponto do texto, a Agenda 21 defende a ideia de que o desenvolvimento econômico e a preservação ambiental não devem ser antagônicos. Hans Jones, comentado por Ferrari (2003), entende que, para a garantia de vida das futuras gerações, é imperativo uma maior responsabilidade nas ações políticas e a criação de condições éticas de convívio social, pois assim os governantes contribuirão para que os cidadãos se pautem por valores mais elevados, para firmar um compromisso com o bem comum da sociedade presente e das sociedades futuras.

2.1 Agenda 21 Escolar

A Agenda 21 apresenta uma série de princípios que podem ser utilizados para a educação ambiental e, consequentemente, para a construção de um mundo sustentável. Segundo Cruz e Zanon

(2010), a educação aparece em diversas ocasiões, uma potencialidade no auxílio à resolução de diversos problemas sociais, e é na escola, espaço formal de educação, que há uma grande expectativa de formar uma nova geração capaz de respeitar e lutar pela qualidade ambiental e social. Nas palavras de Leff (2001, p. 122), o desenvolvimento sustentável

> Reivindica o direito à educação, à capacitação, e à formação ambiental como fundamento da sustentabilidade, permitindo a cada homem e cada sociedade produzir e se apropriar de saberes, técnicas e conhecimentos para participar da gestão de seus processos de produção, decidir suas condições de existência e definir sua qualidade de vida. Isto permitiria romper a dependência e a iniquidade fundadas na distribuição desigual do conhecimento e promover um processo em que a cidadania e os governos possam intervir a partir de seus saberes e capacidades próprias nos processos de decisão e gestão do desenvolvimento sustentável.

Visando a uma participação local efetiva, à amenização dos problemas ambientais e a uma participação democrática nas discussões por parte da sociedade relativas a um futuro sustentável, surgiu a Agenda 21 Escolar, fundamentada no Capítulo 36 da Agenda 21 Global. Segundo Cruz e Zanon (2010), esse documento tem as seguintes características:

- Enquadra-se em estudos feitos sobre as Agendas Brasileira, Estadual e Local.

- Busca implementar nas escolas um plano prático de diagnóstico e avaliação dos problemas ambientais e sociais na tentativa de amenizá-los ou resolvê-los.
- Nesse contexto, a escola apresenta responsabilidade sobre a educação que influencia o aluno em sua vida profissional, social e pessoal, além de gerar influências em sua convivência familiar.

A Agenda 21 Escolar deve ser aplicada nos meios de influência das escolas, tanto em seu espaço físico quanto no seio das famílias atendidas por elas. Segundo Amaral et. al. (2013), a Agenda 21 escolar envolve professores e alunos, visando à construção não apenas de metas e ações, como também à promoção de uma reflexão sobre a escola que queremos construir em busca de um futuro sustentável.

O Órgão Gestor Política Nacional de Educação Ambiental (2006, p. 138) relata que:

- a Agenda 21 será um importante caminho para os alunos e professores planejar [sic] o futuro da escola, com ações voltadas para promover melhorias na qualidade do ensino escolar;

- as ações previstas na Agenda 21 servirão de orientação para as ações da administração da escola na promoção do desenvolvimento escolar, social econômico e o equilíbrio ecológico no ambiente escolar;

- o processo de construção da Agenda 21 será um importante processo democrático e participativo, onde qualquer aluno ou professor poderá participar diretamente na discussão e na tomada de decisões sobre o futuro da escola e da comunidade;

- é na Agenda 21 que ficarão registradas opiniões, interesses e a vontade dos alunos, professores e pais de alunos, que poderão contribuir diretamente na construção de uma escola melhor;

- é um importante momento de fortalecer o grêmio e as associações de pais e mestres, construir parcerias e, assim, promover uma participação maior nas discussões que envolvam os interesses da coletividade.

O ambiente escolar é caracterizado por um espaço social que apresenta uma influência que perpassa seu ambiente físico, influenciando as famílias dos alunos e moradores do entorno, apresentando a capacidade de intensificar as discussões que ocorrem nesses espaços, atingindo toda a comunidade. Dessa maneira, as ações planejadas e discussões que ocorrem nas escolas, apresentam a possibilidade de evolver toda a comunidade em atitudes favoráveis em busca do desenvolvimento sustentável. A seguir, apresentamos os requisitos básicos para a elaboração da Agenda 21 Escolar:

- A metodologia de trabalho deve ser resultado de consenso entre os alunos, responsáveis pelo estabelecimento escolar, ONGs, Poder Público, líderes religiosos e comunitários eu reuniões previamente estabelecidas para essa finalidade.

- Deverá ser feito um diagnóstico que visa à identificação dos problemas na área de abrangência da Agenda 21 Escolar. A partir da identificação desses problemas, deverão ser apresentadas soluções que permitam ações integradas em um formato de Plano de Ação, que deve estar vinculado ao Projeto Político-Pedagógico da Escola.
- O Poder Público deve estar envolvido na busca de soluções para os problemas que estão dentro de sua área de atuação.
- Todos os setores da sociedade devem estar envolvidos de alguma maneira, com vistas à solução dos problemas detectados.
- As propostas deverão ser implementadas possibilitando a correção e a eliminação dos problemas identificados.

2.2 Elaboração da Agenda 21 Escolar

A seguir, apresentamos um passo a passo para a criação da Agenda 21 Escolar, disponibilizado pela Secretaria de Estado da Educação do Paraná (Seed, 2006).

- **1º passo**: por meio de um ofício assinado pela direção da escola, cria-se um espaço para o desenvolvimento das discussões sobre o processo de planejamento e implementação da Agenda 21 da instituição. Esses debates devem contar com representantes da comunidade escolar – como alunos, professores, profissionais responsáveis por serviços gerais e administrativos –, membros do Poder Público e moradores do entorno da escola. Membros da sociedade que não fazem parte da comunidade escolar também devem ser convidados para as conversações, para que possam ser conscientizados dos problemas identificados e transmitir as demandas relacionadas aos órgãos competentes e buscar possíveis soluções.

Caso integrantes do Poder Público e membros externos à comunidade escolar não possam dar suas contribuições, deve ser elaborada uma ata com a descrição dos pontos debatidos, a ser encaminhada posteriormente aos órgãos competentes. A participação da Administração Pública no contexto da Agenda 21 Escolar é fundamental, pois, apesar de a escola desempenhar diversas funções na sociedade, ela não pode dar conta de todas as mazelas sociais no espaço em que está inserida.

Tanto o coordenador técnico da implementação da Agenda 21 Escolar quanto o relator responsável pela sistematização dos resultados das discussões e decisões devem ser eleitos na primeira reunião.

- **2º passo**: integrantes da Administração Pública devem ser instados a participar das reuniões, para que tragam contribuições na análise e na proposição de soluções para os problemas levantados.

- **3º passo**: as demandas constatadas devem ser incluídas na Agenda 21 Escolar. Convém destacar que, dependendo de sua natureza, os problemas podem ser solucionados por meio da atuação de integrantes da comunidade escolar, enquanto outros devem ser encaminhados aos órgãos competentes.

- **4º passo**: o Plano de Ação deve ser concebido de modo a expor prováveis soluções para os problemas identificados, bem como um passo a passo das atividades previstas.

- **5º passo**: o Plano de Ação é implementado.

1. Identificação

Nome da Escola: _____
Endereço: _____
Telefone: _____ Município: _____
Núcleo de Jurisdição: _____
Endereço Eletrônico: _____

Coordenador Técnico da Agenda 21 Escolar:

2. Participação na Agenda 21 Escolar

Comunidade Escolar	Quantidade de pessoas por grupo	Participando da Construção da Agenda
Número de Professores		
Número de Alunos		
Número de pessoas que trabalham na equipe Técnico-Pedagógica		
Número de pessoas que trabalham na equipe Administrativa		
Número de pessoas que trabalham no [sic] Serviços Gerais		
Pais atuantes na APMF e/ou como representantes de turmas		
Sociedade Civil Organizada (associação de moradores, igrejas, ONG, governo municipal, etc.)		

3. Reuniões

Local	Data	Nº de participantes (anexo, lista de presença)

(continua)

56

(continuação)

4. Reconhecimento: Análise da comunidade	Relato das observações
Estudo dos Recursos Naturais: clima, vegetação, água, solo, fauna, impactos das ações humanas, etc.	
Estudo da População (recursos humanos): número de habitantes, idade média, aumento ou diminuição de índice de população, classes sociais, história da população, nível educacional, atividades, tradições, valores, etc.	
Recursos Econômicos: atividades econômicas e serviços aos consumidores (transporte, saúde, educação, recreação, habitação, etc.)	
Segurança Pública: ações preventivas, etc.	
Saúde: tratamento da água, esgoto – coleta e tratamento de resíduos, mortalidade infantil, doenças mais comuns, programas para manutenção da saúde, alimentação, etc.	
Recursos da Educação: população escolar, escolas públicas e privadas, bibliotecas, museus, atividades de recreação, etc.	
Prestação de Serviços: instituições governamentais, centros e programas de diferentes serviços, condições de acesso, outras características, etc.	
Nível de Demanda Socioeducativa: necessidades da comunidade, problemas para o atendimento das 18 demandas: transportes, recursos financeiros, etc.	
Os problemas do entorno da escola e sua influência na escola	

57

(continuação)

5. Diagnóstico	
Caracterização da situação atual a partir da análise dos dados coletados anteriormente: Como é a situação atual da comunidade?	Resultados da análise das observações
Caracterização da situação desejável a partir das questões: Como deveria ser a situação da comunidade? Como desejaríamos que fosse a situação da nossa comunidade? Para descrever a situação desejável devem ser apresentados fatos reais que deveriam ocorrer, mas, no momento não estão ocorrendo.	Posicionamento dos participantes
Identificação das causas/motivos que estão causando a discrepância entre a situação atual e a situação desejável: localização geográfica, ausência de estímulos para a busca de soluções, falta de conhecimento e destrezas para a compreensão dos fatos e a tomada de decisão, falta de recursos, discrepância dos órgãos públicos, etc.	Causas/motivos

Definição dos problemas a partir das discrepâncias encontradas na comparação entre a situação real e a desejada.

6. Título da Agenda 21 Escolar do (a) Colégio (Escola)
Agenda 21 Escolar da (o)_____

7. Introdução
Apresentação da problemática foco x Educação ambiental

8. Objetivos	
Objetivo Geral	Objetivos Específicos

58

(conclusão)

9. Plano de Trabalho

Atividades	Metodologia	Cronograma (Período)

10. Orçamento

11. Potenciais acordos de cooperação

12. Avaliação da ação (Critérios de Avaliação e Instrumentos)

13. Projeção para o futuro

Sugestões para Avaliação do processo de criação da Agenda

Como o Plano de Ação contribuirá para melhorar a compreensão socioambiental dos envolvidos e orientar as suas ações	
Envolvidos	
Professores	
Alunos	
Pais	
Funcionários da Escola	
Comunidade Escolar	

Como será a inserção da Agenda 21 Escolar no Projeto Político-Pedagógico da escola?
O Plano de Ação contribuirá para melhorar a relação humana, Homem x Homem e Homem x Natureza?
O conteúdo abordado contempla as DCEs?
O Plano de Ação irá contribuir para melhorar a mudança de hábito e postura da comunidade escolar? Como?
O Plano de Ação irá contribuir para melhorar o relacionamento entre escola e comunidade, estimulando cooperação? De que maneira isto irá acontecer?
Quais são os atuantes da comunidade escolar que estão presentes na Construção da Agenda 21 Escolar?
( ) Setor Público ( ) Setor Privado ( ) ONGs ( ) Outros
Qual a sua atuação?

Lista de Presença nas reuniões

Nome	Instituição	Contato e-mail

Fonte: Seed, 2006, p. 16-21.

Para finalizarmos este capítulo, enfatizamos que o ensino sobre meio ambiente e desenvolvimento deve abordar a dinâmica da evolução dos meios físico/biológico, socioeconômico e ético (que pode incluir o espiritual), bem como deve integrar-se em todas as disciplinas, assim como empregar métodos formais e informais e meios efetivos de comunicação (Cnumad, 2020).

Jacobi (2003, p. 192-193) faz uma referência à educação ambiental em um contexto ampliado, o da "educação para a cidadania":

> a educação para a cidadania representam a possibilidade de motivar e sensibilizar as pessoas para transformar as diversas formas de participação na defesa da qualidade de vida. Nesse sentido cabe destacar que a educação ambiental assume cada vez mais uma função transformadora, na qual a co-responsabilização dos indivíduos torna-se um objetivo essencial para promover um novo tipo de desenvolvimento – o desenvolvimento sustentável.

Tendo as palavras de Jacobi (2003) como apoio, podemos afirmar que as escolas que contam com projetos e ações pedagógicas eficazes apresentam a capacidade de formar cidadãos críticos, conscientes dos problemas ambientais e capacitados para participar de discussões sobre os problemas ambientais e sociais. Nesse âmbito, o educador tem a função de fomentar as reflexões sobre os problemas ambientais e demonstrar para os alunos os riscos resultantes de uma relação insustentável entre o ambiente e o desenvolvimento.

Síntese

Neste capítulo, demonstramos que a Agenda 21 é fruto das discussões que ocorreram na Conferência das Nações Unidas sobre o Meio Ambiente e o Desenvolvimento, também chamada *Rio-92*, e explicamos como a Agenda 21 Global gerou a Agenda 21 Escolar, que contém uma série de princípios que podem ser utilizados para a educação ambiental. Em seguida, evidenciamos que as escolas são espaços que influenciam o funcionamento das famílias dos alunos e a comunidade como um todo. Assim, as escolas que contam com projetos e ações pedagógicas eficazes podem formar cidadãos críticos e sensibilizar a sociedade sobre os problemas ambientais, além de gerar indivíduos capacitados para participar de discussões que envolvem as questões ambientais e sociais.

Atividades de autoavaliação

1. A Agenda 21 foi criada a partir das discussões que ocorreram em qual evento?

   a) Conferência de Estocolmo.

   b) Conferência das Nações Unidas sobre o Meio Ambiente e o Desenvolvimento (Rio-92).

c) Conferência de Tbilisi.

d) Rio +10.

e) Rio +20.

2. A Agenda 21 global é um documento que defendeu a importância de cada país refletir de maneira global e local e buscar uma cooperação que vise à solução dos problemas socioambientais por meio de um comprometimento que envolve quais esferas?

I   Empresas.

II Governo.

III ONGs.

Assinale a alternativa que apresenta o(s) item(ns) correto(s):

a) I.

b) II.

c) I e II.

d) II e III.

e) I, II e III.

3. A Agenda 21 brasileira é fruto de discussões que buscam um planejamento participativo que visa ao desenvolvimento sustentável, compatibilizado quais eixos?

I   Econômico

II Ambiental

III Social

Assinale a alternativa que apresenta o(s) item(ns) correto(s):

a) I.

b) II.

c) I e II.

d) II e III.

e) I, II e III.

4. Analise as afirmativas a seguir e indique V para as proposições verdadeiras e F para as proposições falsas.

( ) Com a implementação da Agenda 21, havia uma grande expectativa de que esse documento pudesse sensibilizar a sociedade no que se refere à preservação ambiental, além de possibilitar condições justas e saudáveis, equilibrando os aspectos econômicos, sociais e ambientais, e sem prejuízos ao desenvolvimento e aos ecossistemas.

( ) Entre os anos de 1996 e 2002 ocorreu a construção da primeira fase da Agenda 21 brasileira, coordenada pela CPDS (Comissão de Políticas de Desenvolvimento Sustentável), e contou com cerca de 40 mil pessoas de todo o Brasil, gerando um documento no ano de 2002.

( ) Tendo em vista que, nas últimas décadas, foram criados muitos acordos internacionais que visam ao desenvolvimento sustentável, especialmente acordos que objetivam o controle da poluição e do uso racional dos recursos naturais, a Agenda 21 não teve um papel relevante na busca pelo desenvolvimento sustentável.

Agora, assinale a alternativa que apresenta a sequência correta:

a) F, V, V.
b) V, V, F.
c) V, F, F.
d) V, V, V.
e) F, F, F.

5. Quais são os requisitos básicos para a elaboração da Agenda 21 Escolar?

   I   A metodologia de trabalho deverá ser um consenso entre alunos, responsáveis pelo estabelecimento escolar, ONGs, Poder Público, líderes religiosos e comunitários, em reuniões previamente estabelecidas para essa finalidade.

   II Deverá ser feito um diagnóstico para identificar os problemas na área de abrangência da Agenda 21 Escolar. Elencadas as demandas, devem ser apresentadas soluções que permitam ações integradas em um formato de plano de ação, vinculado ao projeto político-pedagógico da escola.

   III O Poder Público não deve envolver-se na busca de soluções para os problemas que estão dentro de sua área de atuação, para que não exista a possibilidade de ocorrer uma desvirtuação dos objetivos da agenda.

   Assinale a alternativa que apresenta o(s) item(ns) correto(s):

   a) I.

   b) I e II.

   c) II e III.

   d) I, II e III.

   e) Nenhum dos itens está correto.

Atividades de aprendizagem

Questões para reflexão

1. Em sua opinião, os avanços ocorridos nas discussões que envolvem o meio ambiente nas últimas décadas são suficientes para frear a degradação ambiental na atualidade? Por quê?

2. Em sua opinião, quais são os entraves para que as escolas em território brasileiro como um todo passem a adotar projetos e ações pedagógicas eficazes para a promoção da educação ambiental?

Atividade aplicada: prática

1. Visite escolas de seu município e verifique se elas dispõem da Agenda 21 Escolar. Caso não tenham, discuta, quando possível, com a diretoria e os professores a possibilidade de implementá-la e os benefícios que ela pode trazer aos alunos e à comunidade.

Utilização de textos básicos e atividades para a reflexão e prática de educação ambiental com alunos do ensino fundamental e ensino médio

A educação ambiental é uma atividade que possibilita a transformação de valores e atitudes dos seres humanos, com a pretensão de atingir a coletividade por meio de seus processos e propor uma convivência harmônica entre homem e natureza. Ao longo do processo histórico da educação, diversas abordagens vêm sendo realizadas com vistas a uma constante revisão do papel da escola como responsável pela transformação dos indivíduos. Com base nesse contexto, neste capítulo da obra, apresentaremos metodologias importantes para a formação de docentes para o desenvolvimento de atividades de educação ambiental.

Textos-roteiros são instrumentos que devem ser utilizados nos treinamentos para a formação de professores dos ensinos fundamental e médio, visando à transmissão de conhecimentos relativos ao meio ambiente, à educação ambiental e à ecologia. Segundo Berté (2004, p. 22), essa metodologia pode ser resumida por meio dos itens a seguir:

- Projeção de pranchas interrogativas sobre tópicos presentes no início de cada tema, com a finalidade de reflexão e expressão de conceitos a partir da vigência de cada treinando;

- Na sequência, a discussão deve ser orientada de forma a reforçar e ampliar conceitos corretos, correção de ideias distorcidas etc., com todos os elementos que venham a emergir durante cada sessão-tema;

- Embricamento desses elementos com as informações antecipadamente elaboradas e presentes em cada temática do roteiro;

- Fixação dos conhecimentos e vivência que foram discutidos por meio das projeções audiovisuais.

Cada tema corresponde a uma série de sugestões de atividades relativas à educação ambiental que viabilizam o trabalho com o meio ambiente de maneira global, inter e multidisciplinar, por meio da integração do aprendizado em sala de aula e da vivência cotidiana dos educandos.

Enfatizamos que nosso intento neste capítulo é apresentar textos de apoio que inspirem atividades a serem utilizadas como referência. O objetivo aqui é inspirar educadores a criar novas atividades com base no conteúdo aqui elencado, pois, em razão da extensão e da profundidade da temática, os textos-roteiros foram elaborados com a finalidade de fornecer informações essenciais, cuja complementação deve ser realizada de acordo com as necessidades de cada docente, que poderá consultar a bibliografia contida em anexo ao final da presente obra para efetuar seu trabalho na educação ambiental.

3.1 Atividades modulares de integração escola/meio ambiente/comunidade

As atividades modulares de integração são instrumentos que possibilitam a conciliação entre os diferentes anos e as disciplinas escolares e, ainda, a própria escola, a comunidade e o meio ambiente local. São caracterizadas por serem de média ou longa duração, extraclasse, visando à prática do aprendizado regular e da educação ambiental, com uma aproximação da realidade ambiental em que a escola está situada.

As matérias incluídas nos componentes curriculares, o conteúdo presente nos textos básicos, as atividades de educação ambiental, divididas por ano e disciplina, bem como os textos de apoio devem servir como subsídio para um bom desempenho dos módulos propostos.

Os resultados oriundos dessas atividades devem ser manifestados por meios das formas de expressão, bem como de técnicas e recursos didáticos propostos nos Capítulos 4 e 5 desta obra.

3.1.1 Formas e técnicas de comunicação e expressão

As formas e técnicas de comunicação e expressão tem, principalmente, o intuito de facilitar a compreensão ou o aprofundamento de determinados temas, problemas ou vivências por meio de formas dinâmicas ou lúdicas. São meios aplicáveis aos módulos de grandes atividades, que podem ser utilizados para externar o que percebemos, sentimos e pensamos mediante gestos, palavras e ritmos próprios.

As técnicas e os métodos apresentados neste capítulo podem ser utilizados como procedimento para organização e desenvolvimento de atividades em grupos e não devem ser balizados como fins em si mesmos, mas como meios ou instrumentos que viabilizam a compreensão da questão ambiental em nível curricular, extracurricular ou extraclasse.

Os resultados oriundos dessas atividades podem ser trabalhados de maneira efetiva pelas técnicas propostas para as práticas de educação ambiental.

3.1.2 Conceitos básicos

Para que os textos de apoio de que tratamos inicialmente neste capítulo possam ser utilizados por professores de Educação Ambiental de maneira mais eficiente, pressupondo um processo de ensino-aprendizagem efetivo, propomos, a seguir, alguns conceitos básicos que os educadores precisam ter em mente para a realização de suas atividades.

Ecologia

O que é ecologia? A palavra *ecologia* é derivada do grego *oikos*, que significa "casa" ou "lugar de habitação", e "*logos*", que significa "estudo". Portanto, trata-se da ciência que estuda as relações ocorrentes entre os seres vivos e o meio no qual vivem e suas interações. Ao local onde ocorrem tais relações dá-se o nome de *meio ambiente*. Ressaltamos que se faz necessário conhecer, pesquisar e familiarizar-se com a palavra *ecologia*, desde a sua origem até o seu conceito.

Se observarmos nosso entorno com atenção, seremos surpreendidos com a estreita correlação que existe entre os elementos naturais (físicos-químicos-biológicos) que estão presentes no planeta Terra. Quando, por exemplo, um animal consome determinado vegetal, este acaba não alimentando somente o animal, mas também as bactérias que se encontram presentes nesse ser; ao mesmo tempo, uma parte do vegetal acaba sendo transformada em proteínas, que serão absorvidas pelo ser humano que consumir o animal.

> **Fique atento!**
>
> Amplie e complemente os temas trabalhados e aprofunde seus conhecimentos por meio de uma consulta à bibliografia indicada nesta obra. Além disso, observe criticamente a realidade cotidiana.

Meio ambiente

O meio ambiente compreende o planeta Terra e todos os elementos que se relacionam com ele, como o ser humano, as plantas, os animais, o ar, a água e o solo, assim como é entendido o local onde habitamos, trabalhamos, nos divertimos e descansamos. É caracterizado pelo espaço no qual se encontra nossa casa, nosso bairro, nossa cidade, nosso estado e nosso país.

Na interação do meio ambiente com os elementos em seu entorno, é possível observar que as espécies que dela dependem, como formigas e castores, causam alterações. No entanto, essas espécies apresentam uma capacidade limitada de interferência ambiental, ao contrário dos seres humanos, que provocam alterações de grande magnitude, sendo algumas delas irreversíveis. O ser humano apresenta uma capacidade ilimitada de criar e se utiliza dela para provocar modificações no meio ambiente a fim de atender às suas necessidades de consumo, que são cada vez maiores, e para isso degrada, contamina e gera poluição no ar, nos solos, nos rios, nos mares e até mesmo no espaço exterior, desconsiderando o fato de que ele mesmo faz parte desse imenso sistema natural.

Várias dessas modificações têm como origem o desenvolvimento tecnológico – basta pensarmos no descarte inadequado de resíduos químicos em ambientes aquáticos, cujos prejuízos ambientais são consideravelmente elevados. Dos corpos de água, podemos direcionar nossa visão ao céu: a conquista do ambiente espacial trouxe consequências desastrosas à nossa atmosfera, decorrentes do lixo espacial – sucatas de foguetes, satélites desativados e lixo atômico abundam em várias camadas de ar que envolvem a Terra. Como se não bastasse isso, não há qualquer tipo de restrição que regulamente esse uso da atmosfera terrestre.

Esses problemas demonstram a necessidade de mudar a mentalidade humana quanto aos usos do meio ambiente. Obviamente, não podemos ser ingênuos a ponto de cair na crença de que o ser humano respeitará a natureza sem que sejam atendidas suas necessidades básicas, mas isso não é argumento para nos esquecermos de que o meio ambiente oferece uma capacidade limitada de adaptabilidade a alterações ou modificações.

Não podemos virar as costas para a crise que nossa civilização vive. É a consciência desse fato que vem fazendo com que muitos valores estejam sendo revistos e reformulados e que técnicas, processos e produtos estejam sendo abandonados. Isso não significa, claro, até que se prove o contrário, que tenhamos de adotar o ideal de crescimento zero, que, querendo ou não, impede em certa medida que as pessoas alcancem condições mínimas de bem-estar, entre as quais se incluem garantia de trabalho, alimentação adequada, acesso às manifestações do saber, desenvolvimento espiritual e mobilidade social. É preciso compreender que todos são chamados a participar para o banquete da vida, mas que existe a necessidade de que as ações sejam tomadas com prudência ecológica e sem comprometer a qualidade ambiental.

Para saber mais

Crescimento zero: esse tema foi debatido na Conferência de Estocolmo, em 1972. Realizada pelas Nações Unidas, foi o primeiro grande evento com o tema "meio ambiente humano", em que se discutiu sobre o equilíbrio entre desenvolvimento econômico e redução da degradação ambiental.

Para saber mais, acesse o *site*:

ONUBR – Nações Unidas no Brasil. A ONU e o meio ambiente. Disponível em: <https://nacoesunidas.org/acao/meio-ambiente/>. Acesso em: 5 out. 2020.

Fique atento!

Amplie o conteúdo que apresentamos e o complemente com os objetivos a serem atingidos, não se esquecendo de se reportar às informações presentes no texto desta temática, aprofundando os conhecimentos por meio da consulta à bibliografia indicada nesta obra e de uma observação crítica da realidade cotidiana.

O objetivo das atividades é reconhecer que o meio em que vivemos faz parte do planeta Terra e que este está integrado com uma parcela do Universo. Assim, a ideia é sensibilizar para a importância da relação entre os elementos desses cenários interconectados, de modo a dar um alerta sobre a fragilidade do sistema ambiental e a responsabilidade de cada indivíduo para a preservação das condições que possibilitam a vida em nosso mundo.

3.2 Texto de apoio n. 1: Ciclos da matéria

Nos ecossistemas, o processo de fluxo de energia envolve a aquela que passa parcialmente de um organismo a outro – a matéria, após passar pelas cadeias alimentares, acaba voltando para elas, o que pode ocorrer de duas maneiras distintas:

1. Um organismo, mesmo apresentando vida, devolve a matéria ao ambiente natural por meio de fezes, urina ou outras excreções.
2. A matéria acaba voltando ao ambiente após a morte dos organismos, que fazem parte das cadeias alimentares em razão da ação dos organismos decompositores, responsáveis por devolver ao meio os componentes considerados mais simples, reutilizados posteriormente pela natureza.

Portanto, é possível observar que a matéria apresenta um comportamento cíclico nos ecossistemas, já que ora encontra-se nos seres vivos, ora encontra-se livre no ambiente, indicando sua contínua reciclagem.

Vários são os ciclos de matéria que ocorrem na biosfera. Eles são de grande importância para os organismos, entre os quais se destacam os ciclos da água, do carbono, do oxigênio e do nitrogênio (entre as substâncias que podem ser recicladas). A seguir, apresentaremos os respectivos processos.

Ciclo da água

O ciclo da água é formado pelas mudanças de estado da água nos ambientes naturais, já que envolve principalmente os estados líquido e o gasoso, pois a água presente em rios, lagos e mares evapora continuamente, assim como a água que provém da transpiração de plantas. O processo de evaporação da água pode ser acelerado pelo aquecimento com a ação do sol, e os vapores formados acabam sendo levados à atmosfera. Quando a água se concentra em camadas de ar altas, mais frias, são condensadas sob a forma de pequenas gotículas, que formam as nuvens. No momento que ocorre uma grande diminuição da temperatura atmosférica, as gotículas presentes nas nuvens se juntam, dando origem a gotas maiores (efeito denominado *ponto de saturação da nuvem*), que são precipitadas em forma de chuva, completando o ciclo. Dessa maneira, o ciclo da água na natureza é formado por esse processo contínuo de evaporar-condensar-chover-evaporar.

A água doce disponível para o consumo é bastante restrita, pois, considerando um contexto global, cerca de 97% da água presente no planeta Terra é proveniente dos oceanos, e somente cerca de 3% encontram-se em rios, lagos, calotas polares, geleiras e águas subterrâneas, o que demonstra a importância de ações de sensibilização da sociedade para a utilização racional desse recurso natural essencial para a sobrevivência da espécie humana.

Ciclo do carbono

O carbono é um elemento fundamental dos compostos orgânicos (proteínas, lipídios, açúcares) que são encontrados nos seres vivos (sua única fonte). O gás carbônico ainda pode ser encontrado no ar ou dissolvido na água. Somente os vegetais apresentam a capacidade de aproveitar o gás carbônico, por meio da fotossíntese, pois esses organismos promovem uma reação entre o gás carbônico e a água, dando origem aos compostos orgânicos, forma pela qual o carbono acaba chegando aos consumidores que fazem parte das teias alimentares.

O carbono é devolvido na natureza por meio de três maneiras distintas:

1. Os organismos produtores e consumidores realizam a devolução do carbono para a atmosfera sob a forma de gás carbônico através da respiração.
2. O carbono também acaba voltando pelo processo de decomposição dos compostos orgânicos.
3. O carbono volta à atmosfera através da combustão do carvão, da lenha e da queima de combustíveis fósseis, graças às atividades do ser humano. A formação de combustíveis fósseis ocorre em razão da decomposição parcial de organismos vegetais e animais.

Ciclo do nitrogênio

O nitrogênio é o elemento químico mais abundante na atmosfera, compondo cerca de 78% do ar. A expressiva maioria dos organismos não tem capacidade de fixar esse elemento, pois somente algumas bactérias e algas azuis realizam essa fixação; felizmente, esses organismos são abundantes no meio ambiente.

A captação de nitrogênio na atmosfera por parte das bactérias e algas azuis ocorre por meio de um processo conhecido como *fixação biológica*, no qual o elemento apresenta uma associação com o oxigênio, gerando os compostos nitrogenados como os nitratos (NO_3), que acabam sendo absorvidos pelos vegetais. As bactérias do gênero *Rhizobium* realizam a fixação biológica e se instalam nas raízes dos vegetais, principalmente nas leguminosas, como feijão e soja.

Os componentes nitrogenados são absorvidos pelos vegetais, que utilizam essas substâncias na síntese de proteínas, que, por meio da cadeia alimentar, são transferidos para os animais.

O processo de retorno do nitrogênio para o meio se inicia pela morte de animais e vegetais que passam a integrar o húmus (conjunto de detritos orgânicos encontrados no solo). Segundo Berté (2004), o húmus acaba sofrendo a ação de bactérias decompositoras, que transformam as proteínas e outros compostos nitrogenados em amônia (NH_3).

O nitrogênio também acaba retornando ao meio ambiente pela excreção animal, que libera compostos nitrogenados como a amônia e a ureia. A amônia presente no solo sofre a ação de bactérias do gênero *Nitrossomas*, que a utilizam para o processo de quimiossíntese, liberando energia e produz nitritos (NO_2). Os nitritos são utilizados por bactérias do gênero *Nitrobacter* para a quimiossíntese com a geração de nitratos (NO_3), que acabam sendo absorvidos pelos vegetais. Os processos de transformação do nitrogênio são conhecidos como *nitrificação*.

O nitrogênio retorna para a atmosfera por meio da ação de outras bactérias, como as *Pseudomonas*, que, na ausência de oxigênio (O_2), atacam a amônia, os nitritos e os nitratos, transformando-os em nitrogênio livre (N_2).

3.3 Texto de apoio n. 2: Unidades de conservação

As unidades de conservação (UCs) têm grande importância por abrigarem nascentes e consideráveis amostras da biodiversidade brasileira. Diversas espécies presentes nos ecossistemas brasileiros caracterizam-se por exigências ecológicas elevadas, entre elas a onça-pintada (*Panthera onca*) e a harpia (*Harpia harpyja*), que necessitam de extensas áreas para sua sobrevivência e reprodução. Portanto, as UCs são instrumentos fundamentais para evitar a extinção de espécies da fauna e flora brasileiras.

As UCs foram criadas por meio da Lei n. 9.985, de 18 de julho de 2000, com a finalidade de proteger e preservar os ecossistemas em seu estado natural, primitivo ou em recuperação, onde os recursos naturais são passíveis de uso indireto e/ou direto. O uso desses recursos pode ser realizado somente mediante recomendações técnicas que estão presentes em um documento denominado *plano de manejo*, no qual deve constar a caracterização regional do ambiente da área protegida, além das justificativas e dos objetos de proteção, o zoneamento da área e os programas de uso público, administrativo e científico.

Características das unidades de conservação

As UCs são classificadas de acordo com o potencial da área e os objetivos de uso para o qual se destina, conforme exposto a seguir (Brasil, 2020b):

- Unidades de Proteção Integral: a proteção da natureza é o principal objetivo dessas unidades, por isso as regras e normas são mais restritivas. Nesse grupo é permitido apenas o uso indireto dos recursos naturais; ou seja, aquele que não envolve consumo, coleta ou dano aos recursos naturais. Exemplos de atividades de uso indireto dos recursos naturais são: recreação em contato com a natureza, turismo ecológico, pesquisa científica, educação e interpretação ambiental, entre outras.

  As categorias de proteção integral são: estação ecológica, reserva biológica, parque, monumento natural e refúgio de vida silvestre.

- **Unidades de Uso Sustentável**: são áreas que visam conciliar a conservação da natureza com o uso sustentável dos recursos naturais. Nesse grupo, atividades que envolvem coleta e uso dos recursos naturais são permitidas, mas desde que praticadas de uma forma que a perenidade dos recursos ambientais renováveis e dos processos ecológicos esteja assegurada. As categorias de uso sustentável são: área de relevante interesse ecológico, floresta nacional, reserva de fauna, reserva de desenvolvimento sustentável, reserva extrativista, área de proteção ambiental (APA) e reserva particular do patrimônio natural (RPPN).

Além dessas categorias de UCs, ainda existem outras áreas de importância ecológica (Brasil, 2020a, grifo do original):

- **Área de Proteção Ambiental – APA**: área geralmente extensa, com certo grau de ocupação humana, dotada de atributos abióticos, bióticos, estéticos ou culturais especialmente importantes para a qualidade de vida e o bem-estar das populações humanas, e tem como objetivos básicos proteger a diversidade biológica, disciplinar o processo de ocupação e assegurar a sustentabilidade do uso dos recursos naturais. É constituída por terras públicas ou privadas;

- **Área de Relevante Interesse Ecológico – ARIE**: é uma área em geral de pequena extensão, com pouca ou nenhuma ocupação humana, com características naturais extraordinárias ou que abriga exemplares raros da biota regional, e tem como objetivo manter os ecossistemas naturais de importância regional ou local e regular o uso admissível dessas áreas, de modo a compatibilizá-lo com os objetivos de conservação da natureza. É constituída por terras públicas ou privadas;

* **Áreas Protegidas**: são áreas de terra e/ou mar especialmente dedicadas à proteção e manutenção da diversidade biológica, e de seus recursos naturais e culturais associados, manejadas por meio de instrumentos legais ou outros meios efetivos;

[...]

* **Refúgio de Vida Silvestre**: tem como objetivo proteger ambientes naturais onde se asseguram condições para a existência ou reprodução de espécies ou comunidades da flora local e da fauna residente ou migratória;

* **Reserva Biológica**: tem como objetivo a proteção integral da biota e demais tributos naturais existentes em seus limites, sem interferência humana direta ou modificações ambientais, excetuando-se as medidas de recuperação de seus ecossistemas alterados e as ações de manejo necessárias para recuperar e preservar o equilíbrio natural, a diversidade biológica

e os processos ecológicos naturais. É de posse e domínio públicos;

- **Reserva de Desenvolvimento Sustentável – RDS**: é uma área natural que abriga populações tradicionais, cuja existência baseia-se em sistemas sustentáveis de exploração dos recursos naturais, desenvolvidos ao longo de gerações e adaptados às condições ecológicas locais e que desempenham um papel fundamental na proteção da natureza e na manutenção da diversidade biológica. É de domínio público;

- **Reserva de Fauna**: é uma área natural com populações animais de espécies nativas, terrestres ou aquáticas, residentes ou migratórias, adequadas para estudos técnico-científicos sobre manejo econômico sustentável de recursos faunísticos. É de posse e domínio públicos;

- **Reserva Extrativista – RESEX**: é uma área utilizada por populações extrativistas tradicionais, cuja subsistência baseia-se no extrativismo e, complementarmente, na agricultura de subsistência e na criação de animais de pequeno porte, e tem como objetivos básicos proteger os meios de vida e a cultura dessas populações, e assegurar o uso sustentável dos recursos naturais da unidade. É de domínio público com seu uso concedido às populações extrativistas tradicionais;

- **Reserva Legal:** é a área de cada propriedade particular onde não é permitido o corte raso da cobertura vegetal. Essa área deve ter seu perímetro definido, sendo obrigatório sua averbação à margem da inscrição da matrícula do imóvel do registro de imóveis competente. Ainda que a área mude de titular ou seja desmembrada, é vedada a alteração de sua destinação. Como prevê o Código Florestal, o percentual das propriedades a ser definido como reserva legal varia de acordo com as diferentes regiões do Brasil;

- **Reserva Particular do Patrimônio Natural – RPPN:** é uma área privada, gravada com perpetuidade, com o objetivo de conservar a diversidade biológica;

- **Zona de amortecimento:** o entorno de uma Unidade de Conservação, onde as atividades humanas estão sujeitas a normas e restrições específicas, com o propósito de minimizar os impactos negativos sobre a Unidade.

Espaços de preservação permanente

No Brasil, a Lei de Proteção da Vegetação Nativa (LPVN) – Lei inscrita sob o n. 12.651, de 25 de maio de 2012 –, popularmente conhecida como *Novo Código Florestal*, criou disposições relativas às áreas de preservação permanente (APPs) nas margens de leitos de rios.

De acordo com o art. 3º, inciso II, do diploma legal citado, *área de preservação permanente* é aquela

> Art. 3º [...]
>
> II – protegida, coberta ou não por vegetação nativa, com a função ambiental de preservar os recursos hídricos, a paisagem, a estabilidade geológica e a biodiversidade, facilitar o fluxo gênico de fauna e flora, proteger o solo e assegurar o bem-estar das populações humanas; [...]. (Brasil, 2012)

De acordo com o art. 4º do Novo Código Florestal, são consideradas as áreas de preservação permanente as florestas e demais formas de vegetação natural situadas nos seguintes locais:

> Art. 4º [...].
>
> I – as faixas marginais de qualquer curso d'água natural perene e intermitente, excluídos os efêmeros, desde a borda da calha do leito regular, em largura mínima de: (Incluído pela Lei nº 12.727, de 2012).
>
> a) 30 (trinta) metros, para os cursos d'água de menos de 10 (dez) metros de largura;
>
> b) 50 (cinquenta) metros, para os cursos d'água que tenham de 10 (dez) a 50 (cinquenta) metros de largura;
>
> c) 100 (cem) metros, para os cursos d'água que tenham de 50 (cinquenta) a 200 (duzentos) metros de largura;

d) 200 (duzentos) metros, para os cursos d'água que tenham de 200 (duzentos) a 600 (seiscentos) metros de largura;

e) 500 (quinhentos) metros, para os cursos d'água que tenham largura superior a 600 (seiscentos) metros;

II – as áreas no entorno dos lagos e lagoas naturais, em faixa com largura mínima de:

a) 100 (cem) metros, em zonas rurais, exceto para o corpo d'água com até 20 (vinte) hectares de superfície, cuja faixa marginal será de 50 (cinquenta) metros;

b) 30 (trinta) metros, em zonas urbanas;

III – as áreas no entorno dos reservatórios d'água artificiais, decorrentes de barramento ou represamento de cursos d'água naturais, na faixa definida na licença ambiental do empreendimento; (Incluído pela Lei nº 12.727, de 2012). (Vide ADC Nº 42) (Vide ADIN Nº 4.903)

IV – as áreas no entorno das nascentes e dos olhos d'água perenes, qualquer que seja sua situação topográfica, no raio mínimo de 50 (cinquenta) metros; (Redação dada pela Lei nº 12.727, de 2012). (Vide ADIN Nº 4.903)

V – as encostas ou partes destas com declividade superior a 45°, equivalente a 100% (cem por cento) na linha de maior declive;

VI – as restingas, como fixadoras de dunas ou estabilizadoras de mangues;

VII – os manguezais, em toda a sua extensão;

VIII – as bordas dos tabuleiros ou chapadas, até a linha de ruptura do relevo, em faixa nunca inferior a 100 (cem) metros em projeções horizontais;

IX – no topo de morros, montes, montanhas e serras, com altura mínima de 100 (cem) metros e inclinação média maior que 25°, as áreas delimitadas a partir da curva de nível correspondente a 2/3 (dois terços) da altura mínima da elevação sempre em relação à base, sendo esta definida pelo plano horizontal determinado por planície ou espelho d'água adjacente ou, nos relevos ondulados, pela cota do ponto de sela mais próximo da elevação;

X – as áreas em altitude superior a 1.800 (mil e oitocentos) metros, qualquer que seja a vegetação;

[...]. (Brasil, 2012)

O Novo Código Florestal, assim como as categorias de espaços de proteção ambiental, é caracterizado por leis e diretrizes que buscam a conservação da natureza, que prevê seu uso econômico, cultural e recreacional de forma racional, protegendo os ambientes naturais para o conhecimento e possibilitando o uso futuro, levando em consideração a utilização atual com menor degradação, ou impacto, ambiental.

3.4 Texto de apoio n. 3: Resíduos sólidos

Os problemas relativos à geração de resíduos sólidos se iniciaram no momento em que o ser humano deixou de ser nômade para ser sedentário, possivelmente no Período Neolítico (entre 10000 a.C. e 2000 a.C.). Com novos tipos de organização social dos primeiros agrupamentos humanos, foram constituídas as primeiras cidades, que começaram a gerar alterações ambientais e a produzir resíduos e, consequentemente, passaram a afetar o equilíbrio ambiental.

Um dos maiores desafios da crise ambiental vivida atualmente refere-se ao destino dos resíduos sólidos urbanos. Nas sociedades primitivas, a produção de resíduos não gerava impactos ambientais de grandes proporções em razão de sua reduzida produção e da grande capacidade do meio assimilar esses resíduos. Entretanto, diante dos avanços tecnológicos e da grande explosão demográfica dos últimos séculos, com a população humana superando o número de 2 bilhões de habitantes no século XX e atingindo a marca de quase 7 bilhões de habitantes no início do século XXI, multiplicou-se exponencialmente a produção de resíduos – em quantidade e qualidade – nos centros urbanos em virtude dos padrões de vida da sociedade moderna.

Segundo o Panorama dos Resíduos Sólidos 2018/2019, produzido pela Associação Brasileira das Empresas de Limpeza Pública (Abrelpe, 2019), no ano de 2018 foram gerados no Brasil 79 milhões de toneladas de resíduos, e desse total 92% foram coletados e 59,5% receberam destinação adequada nos aterros sanitários, no entanto, a média brasileira é bastante inferior à dos países na mesma faixa de renda, onde 70% do lixo recebe a destinação correta.

Urge que novas propostas sejam apresentadas para contornar a problemática oriunda da destinação inadequada dos resíduos sólidos, como a destinação em locais propícios e propostas educativas para o controle de produção residual, pois, evidentemente, existe uma viabilidade econômica que visa à reciclagem de determinados materiais, bem como uma vantagem "ecológica" desse processo, já que evita a exploração exagerada dos recursos naturais e o acúmulo de materiais não biodegradáveis na natureza.

Para saber mais

Para conhecer mais sobre a PNRS, acesse o *site*:

BRASIL. Lei n. 12.305, de 2 de agosto de 2010. Diário Oficial da União, Poder Legislativo, Brasília, DF, 3 ago. 2010. Disponível em: <http://www.planalto.gov.br/ccivil_03/_ato2007-2010/2010/lei/l12305.htm>. Acesso em: 5 out. 2020.

De acordo com a NBR 10004, de 30 de novembro de 2004, da Associação Brasileira de Normas Técnicas (ABNT), *resíduos sólidos* são definidos como "Resíduos nos estados sólido e semissólido, que resultam de atividades de origem industrial, doméstica, hospitalar, comercial, agrícola, de serviços e de varrição" (ABNT, 2004, p. 1), em que se incluem os lodos que provêm de sistemas de tratamento de água e de outras fontes. A legislação destinada aos resíduos sólidos orienta as operações relacionadas à coleta, transporte e à destinação final dos resíduos.

Os resíduos sólidos são classificados de acordo com determinados critérios, entre eles:

Figura 3.1 - Critérios de classificação de resíduos sólidos

No Brasil, a ABNT padroniza os procedimentos relacionados à correta caracterização e classificação dos resíduos sólidos por meio das seguintes normativas:

Quadro 3.1 - Legislação correlata aos resíduos sólidos

ABNT NBR 10004	Resíduos sólidos – Classificação
ABNT NBR 10005	Procedimento para obtenção de extrato lixiviado de resíduos sólidos
ABNT NBR 10006	Procedimento para obtenção de extrato solubilizado de resíduos sólidos
ABNT NBR 10007	Amostragem de resíduos sólidos

Pela avaliação das características químicas, físicas e biológicas, segundo a ABNT NBR 10004, os resíduos são classificados em:

Figura 3.2 – Classificação dos resíduos sólidos

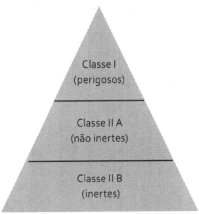

Existem três formas usuais de disposições de lixo, porém, somente uma é considerada ambientalmente correta, visto que a disposição inadequada do lixo pode resultar em graves consequências e gerar sérios problemas.

Na sequência, encontram-se relacionados os três tipos de disposição do lixo e as consequências que cada uma delas.

Lixão

Quando os resíduos ficam a céu aberto, temos a forma de depósito conhecida como *lixão*, ou ainda *vazadouro*, *bota-fora*, entre outros.

Geralmente, o local escolhido para a disposição de um lixão não é previamente estudado; no início, o maior impacto é o visual, em conjunto com aspectos como o espalhamento de detritos pelo vento, mau cheiro etc.

Quando catadores encontram nesse ambiente um meio de sobrevivência, o problema agrava-se consideravelmente, já que acabam coletando restos de alimentos e produtos de uso pessoal como calçados, roupas etc.; além dessas pessoas, existem também aquelas que coletam quaisquer materiais que possam ser vendidos posteriormente.

O ápice dessa problemática consiste na contaminação da água e do solo pelo descarte inadequado de resíduos que contêm organismos nocivos à saúde e outras substâncias tóxicas; além disso, os lixões são ambientes propícios para a proliferação de determinados vetores de doenças. Entre os principais vetores se encontram:

Figura 3.3 – Vetores de doenças encontrados nos lixões

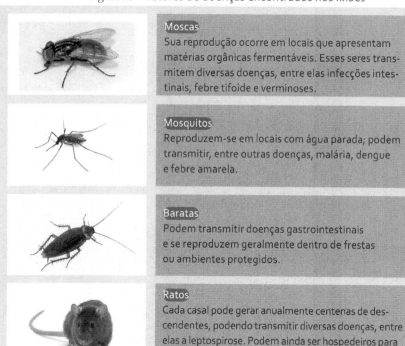

Moscas
Sua reprodução ocorre em locais que apresentam matérias orgânicas fermentáveis. Esses seres transmitem diversas doenças, entre elas infecções intestinais, febre tifoide e verminoses.

Mosquitos
Reproduzem-se em locais com água parada; podem transmitir, entre outras doenças, malária, dengue e febre amarela.

Baratas
Podem transmitir doenças gastrointestinais e se reproduzem geralmente dentro de frestas ou ambientes protegidos.

Ratos
Cada casal pode gerar anualmente centenas de descendentes, podendo transmitir diversas doenças, entre elas a leptospirose. Podem ainda ser hospedeiros para pulgas, que podem transmitir a peste bubônica.

ISRAEL MUSSI, Mr. Nakorn, supasart meekumrai e Pakhnyushchy/Shutterstock

A destinação inadequada do lixo contribui consideravelmente para a deterioração da qualidade de vida das populações humanas nos grandes centros, diminuindo as condições favoráveis para o desenvolvimento da cultura e da saúde de seus habitantes.

Aterro controlado

Um aterro controlado é caracterizado pelo processo no qual o lixo é compactado e posteriormente coberto ao final de cada dia. Com a cobertura do lixo, evita-se a proliferação de vetores, a poluição visual, a atividade de catação, a presença de animais à procura de alimentos e o surgimento de fogo e fumaça.

A técnica utilizada na compactação prevê que o lixo seja descarregado no solo e, em seguida, seja empurrado debaixo para cima com o auxílio de um trator. Após o lixo ser depositado e compactado, deve ser coberto por uma leve camada de solo, operação frequentemente realizada ao fim do dia.

A matéria orgânica decomposta produz um líquido de coloração escura e mal cheiroso denominado *chorume*. Em contato com a água da chuva, essa substância pode gerar uma série de problemas relacionados à operação do aterro e, ainda, contaminar o solo e as águas dos rios. O lixo decomposto também produz gases, entre eles o metano, que é altamente inflamável, portanto perigoso quando em grandes concentrações.

Os aterros controlados não contam com impermeabilização do solo, sistemas de dispersão de gases ou de tratamento de chorume; assim, os aterros controlados são uma categoria intermediária entre o lixão e o aterro sanitário, podendo ser uma célula próxima ao lixão que foi remediada, recebendo cobertura de grama e argila.

Aterro sanitário

Os aterros sanitários são preparados anteriormente para o recebimento de resíduos, e a base do aterro sanitário é impermeabilizada para impedir que o chorume contamine o solo e as águas subterrâneas.

Alguns aterros contam com investimentos para a obtenção de gás metano a partir da industrialização do lixo, processo denominado *biodigestão anaeróbica*. A fermentação anaeróbica produz gases que são captados por encanamentos e conduzidos até uma estação de transformação; o metano, a partir de então, é armazenado em cilindros de alta pressão e posteriormente pode ser utilizado no aquecimento e na secagem de grãos e em substituição do gás natural (gás de cozinha, para geração de energia elétrica ou como combustível automotivo, pois segundo especialistas, atualmente é a melhor opção de combustível, já que gera menos poluição).

O aterro sanitário é uma solução viável para cidades de médio e grande porte, mostrando-se economicamente inviável especialmente para municípios de pequeno porte. Ainda que os aterros sanitários tenham essa especificidade, grande quantidade de municípios não contam com esse recurso, obrigando atualmente o Governo Federal a estender o prazo do cumprimento do Plano Nacional de Resíduos Sólidos do Brasil. O incentivo ao uso dos aterros sanitários se deve ao fato de essa escolha ser economicamente acessível; além disso, outra vantagem desses aterros é de que a área correspondente, após ser desativada, pode ser utilizada como ponto de lazer (praças, quadras, campos de futebol), resolvendo, de forma conjunta com outras questões ambientais, os espaços físicos inutilizados como os lixões.

Incineração

A primeira instalação para a finalidade específica de incineração de resíduos sólidos de que se têm conhecimento localiza-se em Nottingham (Inglaterra) e foi colocada em operação no ano de 1874. No Brasil, a primeira instalação de um incinerador ocorreu no ano de 1900, na cidade de Belém do Pará, e teve suas operações encerradas no ano de 1978.

O processo de incineração é conhecido pela queima de resíduos em altas temperaturas. Enfatizamos que não se trata da simples queima de materiais, já que a temperatura do procedimento pode chegar até 1.200 °C para que os resíduos sejam realmente transformados em cinzas, e o calor gerado pode ser utilizado para a produção de energia elétrica. Trata-se da modalidade mais indicada para resíduos contaminados ou de origem hospitalar.

As cinzas oriundas do processo de incineração devem ser dispostas em aterros apropriados. Vale destacar que o volume das cinzas do lixo que passou pelo processo representa aproximadamente 10% do volume inicial, e que a incineração tem como resultado a liberação de gases tóxicos (principalmente em virtude da queima de plásticos).

Tendo em vista que o processo de incineração é o método mais seguro para a eliminação de agentes contagiosos no lixo, o então Ministério do Interior determinou, por meio da Portaria n. 53, de 1º de março de 1979, em seu item VI, que:

> Todos os resíduos sólidos portadores de agentes patogênicos, inclusive os de estabelecimentos hospitalares e congêneres, assim como alimentos e outros produtos de consumo humano condenados, deverão ser adequadamente acondicionados e conduzidos em transporte especial, nas condições estabelecidas pelo órgão estadual de controle de poluição ambiental, e, em seguida, obrigatoriamente incinerados. (Brasil, 1979)

No ano de 1991, o Conselho Nacional do Meio Ambiente (Conama), por meio da Resolução n. 6, de 19 de setembro de

1991, alterou o item VI da portaria anteriormente citada no artigo apresentado a seguir:

> Art. 2º Nos Estados e Municípios que optarem por não incinerar os resíduos mencionados no Art. 1º, os órgãos estaduais de meio ambiente estabelecerão normas para o tratamento especial como condições para licenciar a coleta, o transporte, o acondicionamento e a disposição final. (Brasil, 1991)

Esse processo diminui resíduos, bem como as áreas de recebimento de lixo, possibilitando, ainda, a instalação de pequenas áreas com uma grande capacidade de produção de energia. Nesse último caso, para que seja economicamente viável, a usina deve apresentar uma capacidade mínima de processamento diário de algo em torno de 30 a 40 toneladas. Portanto, um fator que muitas vezes inviabiliza a implantação de incineradores é seu alto custo de instalação e operação.

3.5 Texto de apoio n. 4: Reciclagem

Tudo o que é consumido foi produzido e deveria, de alguma maneira, retornar aos ciclos da natureza. Segundo Berté (2004), o termo *reciclagem* é utilizado para toda e qualquer prática que regenere ou reprocesse os materiais que foram usados e descartados, para que obtenham produtos que possam ser utilizados.

Atualmente, o processo de reciclagem é explorado na grande maioria dos países desenvolvidos. No Brasil, nas últimas décadas, investimentos vêm sendo aplicados nos processos de instalação e manutenção de usinas de reciclagem; porém, em razão do baixo retorno econômico, poucas ações têm sido feitas no sentido de efetivar esses processos. Nesse caso, é fundamental considerar que o retorno ecológico é superior ao retorno econômico. Outro fator importantíssimo a ser considerado na reciclagem diz respeito à separação dos resíduos, processo que pode ocorrer das seguintes maneira:

- pela coleta seletiva nos municípios;
- diretamente nas usinas de reciclagem.

Na sequência, apresentaremos os principais materiais recicláveis e algumas características de suas formas de processamento.

Plástico

O plástico é gerado com base no processamento de substâncias naturais presentes no petróleo. Existem vários tipos de plástico, formados por substâncias distintas às quais são acrescentados outros elementos, entre eles vernizes, tintas, resinas etc.

Os materiais plásticos, descobertos no final do século XIX, foram amplamente desenvolvidos a partir do fim da Segunda Guerra Mundial, substituindo gradativamente o uso exclusivo de madeira e metais em razão de sua maleabilidade e de sua leveza. Justamente por essas características, ainda que haja uma grande quantidade de resíduos plásticos nos lixos, sua proporção no que se refere ao peso gira em torno de 5% nos locais em que são dispensados, podendo chegar a 10% nas grandes cidades e núcleos comerciais.

Convém destacar que nem todos os tipos de plástico podem ser reciclados, o que exige uma classificação antes de seu despejo. Quando são recicláveis, são transformados em mangueiras, como a de fiação elétrica, em tubulações para esgoto, painéis e para-choques de automotivos, brinquedos e em uma infinidade de outros usos.

A produção de materiais plásticos obedece aos seguintes procedimentos:

- Primeiramente, o material passa por um processo de limpeza com a finalidade de retirar possíveis metais alojados.

- Em seguida, o material passa por uma lavagem, sendo secado, cortado e picado em moinhos de facas até que seja reduzido a pequenas partículas (1 cm) e posteriormente fundido. No entanto, essas partículas podem apresentar impurezas, como gorduras e sujeiras, portanto, dificilmente podem alcançar o valor da matéria-prima original.

Atualmente, existem os plásticos denominados *biodegradáveis*, compostos em por até 50% de amido. Na realidade, esses materiais são parcialmente biodegradáveis, já que os microrganismos envolvidos no processo de decomposição não conseguem eliminar o politieno derivado do petróleo contido nos 50% restantes.

Com o processo de reciclagem do plástico, não apenas é reduzida a exploração do petróleo, mas também existe uma grande economia de energia. Além disso, o processo de reciclagem é fundamental para retirar produtos plásticos no meio ambiente, uma vez que não se sabe ao certo seu grau de biodegradação – estima-se que uma garrafa plástica levaria centenas de anos para finalizar o processo de decomposição.

Papel

De acordo com Berté (2004), as palavras *paper* e *papier* são uma derivação da palavra grega *papiros*, termo grego empregado para designar a líber interna da planta do papiro.

Os exemplares mais antigos de papiros foram observados em túmulos egípcios (com origem por volta de 3000 a.C.). Sabe-se que o papiro foi utilizado até o século IX da Era Cristã, quando os egípcios trançavam finíssimas fatias da planta.

Na Europa, o papel era feito a partir de trapos de algodão e linho até o século XIII, quando passou a ser produzido também por meio da utilização das fibras de madeira. No Brasil, o pinus e o eucalipto são atualmente as madeiras mais utilizadas na fabricação de papel.

O papelão e o papel são encontrados em grande abundância no lixo domiciliar (em torno de 25%), pode alcançar até a 60% do total, e esse consumo cresce exponencialmente, chegando a 5% de todo o lixo produzido no país ao ano. No Brasil, cerca de 46% da produção total de papéis são utilizados na fabricação de embalagens, que, de maneira geral, são imediatamente descartadas depois de os produtos internos serem utilizados.

Após o processo de reciclagem, os papéis são transformados em livros, cadernos, materiais impressos etc. É importante enfatizar que somente os papéis em estado seco e limpo apresentam condições para a reciclagem.

Nas grandes indústrias, após serem classificados e enfardados, os papéis são reduzidos à polpa e misturados na sequência com uma matéria-prima de outra origem, como a polpa de papel limpo, de celulose etc.

Com a reciclagem de uma tonelada de papel poupa-se, em média, 10 a 20 árvores adultas, além de cerca de 3.500 kWh de energia. Também são economizados aproximadamente 2,5 barris de petróleo e 50% de água no processo de beneficiamento, além da redução de cerca de 95% da poluição do ar e 3 m³ de área em aterros sanitários.

A substância que proporciona rigidez às células vegetais é conhecida como *lignina*, sendo o componente de maior importância no papel. Ela não se decompõe facilmente pelo fato de suas moléculas serem maiores que as bactérias que a degradam. Em locais que apresentam umidade, o papel pode levar cerca de três meses para o processo de decomposição e um tempo mais elevado em ambientes mais secos. Além desses fatores, os papéis absorventes podem durar vários meses, ao passo que os jornais podem ficar intactos por décadas.

As fibras que constituem esses componentes perdem suas características físico-químicas durante os distintos processos de reciclagem, ou seja, chega um momento em que a qualidade desse material não é mais adequada para a reciclagem, com isso, o mais adequado é evitar a utilização e fabricação desse tipo de material.

Vidros

O componente principal do vidro é a areia, que se encontra em praias, desertos e rios, e o material que basicamente forma a areia é a sílica. Para a produção de um 1 kg de vidro é necessário utilizar cerca de 1,3 kg de sílica. Uma grande parte das matérias-primas que são componentes dos vidros, como a cal e a soda, são oriundos de jazidas que se encontram em estágios avançados de esgotamento.

Mais da metade do vidro produzido no Brasil é destinado para a produção de embalagens (principalmente de alimentos), sendo a maioria descartável. Segundo Berté (2004), o vidro representa de 5% a 9% do lixo domiciliar. No entanto, no Brasil, somente cerca de 14% de toda a quantidade de vidro produzido descartado acaba chegando ao processo de reciclagem.

Assim como o papel e o plástico, o vidro coletado do lixo passa por processos trabalhosos de beneficiamento e seleção nos quais são inicialmente retiradas as partes metalizadas, espelhadas, fechos, anéis, plásticos etc., podendo chegar a 60 kg por tonelada de cacos. Na sequência, o vidro é triturado, lavado e, finalmente, fundido em fornos com temperatura de fusão que pode chegar a 1.550 °C.

Quadro 3.2 – Reaproveitamento de cacos

Caco beneficiado	Pode alcançar um custo de até 80% da matéria-prima, porém, boa parte da produção acaba sendo rejeitada posteriormente pelos processos de controle de qualidade.
Cacos com coloração branca e transparente	São procurados por fabricantes de garrafas e de blocos de telhas de vidro, ao passo que os cacos coloridos são procurados principalmente por indústrias de garrafas e frascos coloridos que acabam corrigindo a cor com a adição de aditivos.

Os vidros são classificados, por meio de um sistema ótico, antes e depois de reduzido a cacos, por cores, em branco ou transparente, verde e ambarino.

Recipientes de vidros levam em torno de 4 mil anos para que sejam desintegrados pelo processo de erosão e pela ação de agentes químicos.

Metal

Os metais raramente são encontrados em forma pura na natureza e são extraídos de jazidas. No ambiente industrial, os minérios passam por diversos processos para que os metais não contem com impurezas.

Os metais são usados desde a Antiguidade e foram difundidos de tal maneira na humanidade que diversos objetos metálicos, porque estão muito presentes em nosso cotidiano, acabam passando desapercebidos, como as bijuterias, os utensílios domésticos e os produtos de escritório.

Segundo Berté (2004), as latas são a maior parte do lixo de metal, com cerca de 15% de todo o aço e 12% de todo o alumínio sendo utilizados para a produção de embalagens no Brasil.

A reciclagem dos metais é dificultada pela frequente presença de outros elementos nos produtos, motivo pelo qual as latas de alumínio têm prioridade na reciclagem. Os metais que passam pelo processo de reciclagem acabam resultando em arames, máquinas diversas, fios, utensílios domésticos etc. No processo de reciclagem, os metais são prensados e, em seguida, passam pelo processo de fundição. Em determinados casos, as latas podem ser reutilizadas para o plantio de mudas em áreas naturais ou, ainda, como recipientes em indústrias do ramo de produtos de limpeza.

As latas de alumínio (de refrigerante e cerveja) que passam pela reciclagem resultam em uma economia de energia de até 95% em comparação com o processo primário, acrescentando-se ainda a economia de cerca de 76% de água utilizada nos processos de fundição e usinagem, o que gera benefícios para o meio ambiente, já que a produção de alumínio gera uma lama avermelhada, altamente poluente, que conta com grandes concentrações de soda cáustica.Com a reciclagem dos metais, também podemos destacar uma redução na poluição do ar de até 85%.

Os metais, a princípio, não são biodegradáveis, pois uma lata de alumínio passa a se desintegrar com 10 anos (contando com a presença de oxigênio, água, luz), sendo convertida em óxido de ferro. O oxigênio presente na água oxida as latas feitas de aço, que são recobertas por estanho e verniz, ao contrário da lata de alumínio, que não passa pelo processo de corrosão, daí o elemento ser amplamente usado na indústria, como na área de produção de refrigerantes.

É importante enfatizar que grande parte da água disponível no planeta Terra é contaminada por fibras microscópicas de plástico, que podem transferir produtos químicos tóxicos quando são consumidos por seres humanos, já que os plásticos apresentam uma afinidade química com contaminantes, como pesticidas e metais pesados.

Trapos

Os trapos são retalhos de tecidos produzidos em indústrias de confecção e alfaiatarias. Os próprios interessados assumem a responsabilidade da coleta nos estabelecimentos, onde os materiais se apresentam limpos e uniformes. Os materiais naturais são provenientes de várias origens naturais, ao passo que os materiais sintéticos são elaborados por transformações químicas.

Os trapos são classificados da seguinte maneira:

- tipo de material utilizado, como lã, poliéster e algodão;
- estado (cru ou tingido);
- coloração (clara ou escura);
- aspecto (aberto ou desfiado).

As fibras passam pelo processo de coloração e são preparadas para uma nova tecelagem, gerando um produto com características mais grossas. Os retalhos também são utilizados no processo de fabricação de materiais sem tramas, como os feltros para chapéus e mantas ou, ainda, para as forrações de chapéus. Os fios, os retalhos e as outras demais sobras de fiações e tecelagens (após cortados e desfilados) acabam sendo transformados em estopas. Os que não contam com mais fibras são utilizados como material para o preenchimento de estofadores. As fibras naturais ainda podem ser destinadas para a fabricação de papéis.

Compostos orgânicos

A matéria orgânica é o componente com maior presença no lixo gerado nos domicílios (podendo representar cerca de 60% do total em massa, já que, em volume, os materiais recicláveis apresentam uma maior porcentagem), sendo composta por legumes e cascas de frutas, papel, restos de alimentos etc.

A matéria orgânica pode passar por uma modalidade de tratamento denominada *compostagem*, transformando-se em um composto que pode ser utilizado como adubo (fertilizante do solo), destinado às atividades de jardinagem e plantio de hortaliças. Em lavouras, há a possibilidade do adubo ser enriquecido com sais minerais.

O processo de compostagem pode ser realizado manualmente ou, de maneira avançada, em uma usina construída para essa finalidade. Quando o processo é realizado de forma manual, faz-se necessário somente enterrar a matéria orgânica, remexendo-a e molhando-a de forma esporádica para a obtenção do adubo. Nas usinas, o processo de compostagem passa por diversas etapas e operações técnicas, considerando fatores como temperatura, umidade, aeração e a acidez.

Os processos de compostagem de forma manual e industrial ocorrem basicamente em duas fases distintas:

1. Forma manual: os microrganismos decompõem as substâncias orgânicas consideradas mais imediatas e, no processo industrial, ocorre uma produção do composto propriamente dito.

2. Produção em usinas: as substâncias orgânicas devem, preferencialmente, estar localizadas nas proximidades de um aterro sanitário para que a disposição final de seus dejetos seja facilitada, pois existe um remanescente que

não pode ser aproveitado, podendo alcançar até 50% da massa original, dependendo de outra forma de disposição.

As atividades de compostagem podem transformar um resíduo orgânico, que, a princípio, não tem valor, em um produto que pode ter vários usos, como em atividades agrícolas. Por isso, percebemos que a compostagem é um importante instrumento para a sensibilização dos cidadãos, uma vez que pode ser utilizada para o enriquecimento de hortas presentes em escolas, assim como em hortas comunitárias.

Síntese

Neste capítulo, demonstramos como textos-roteiros podem ser utilizados para o treinamento de professores nos ensinos fundamental e médio no que se refere às temáticas ambientais. Tratamos de conceitos básicos utilizados na ecologia, como fluxo de energia, ecossistemas, ciclos da matéria, entre outros tópicos.

Em seguida, apresentamos as especificidades das UCs, o manuseio de resíduos sólidos no país e, por fim, abordamos a problemática do processo de reciclagem de diferentes materiais.

Atividades de autoavaliação

1. A palavra *ecologia* é derivada do grego *oikos*, que significa "casa" ou "lugar de habitação", e *logos*, que significa "estudo". Portanto, remete-se à ciência que estuda as relações entre os seres vivos e os meios em que vivem, bem como suas interações. O local onde ocorrem as relações é denominado *meio ambiente*. Se observarmos nosso entorno com atenção, seremos surpreendidos com a estreita correlação que existe entre quais elementos naturais presentes no planeta Terra?

I   Elementos físicos

II Elementos químicos

III Elementos biológicos

Assinale a alternativa que apresenta o(s) item(ns) correto(s):

a) I.

b) I e II.

c) II e III.

d) I, II e III.

e) Nenhum dos itens está correto.

2. A conquista do ambiente espacial apresentou grande repercussão nos tempos atuais em razão do lixo dispensado nas camadas exteriores da Terra. Quais elementos compõem a poluição da atmosfera?

I   Sucatas de foguetes

II Satélites desativados

III Lixo atômico

Assinale a alternativa que apresenta o(s) item(ns) correto(s):

a) I.

b) I e II.

c) II e III.

d) I, II e III.

e) Nenhum dos itens está correto.

3. Analise as afirmativas a seguir e indique V para as proposições verdadeiras e F para as proposições falsas.

( ) O ciclo da água é formado pelas mudanças de estado da água nos ambientes naturais, envolvendo principalmente os estados líquido e o gasoso, pois a água presente em rios, lagos e mares evapora continuamente, assim como a água que provém da transpiração de plantas.

( ) O processo de evaporação da água pode ser acelerado pelo aquecimento com a ação do sol, cujos vapores formados acabam sendo levados a atmosfera.

( ) A água doce disponível para o consumo é abundante no planeta Terra – em um contexto global, cerca de 20% da água presente no mundo é proveniente dos oceanos, e aproximadamente 80% é proveniente de rios, lagos, calotas polares, geleiras e águas subterrâneas.

Agora, assinale a alternativa que apresenta a sequência correta:

a) F, V, V.

b) V, V, F.

c) V, F, F.

d) V, V, V.

e) F, F, F.

4. "Área geralmente extensa, com certo grau de ocupação humana, dotada de atributos abióticos, bióticos, estéticos ou culturais especialmente importantes para a qualidade de vida e o bem-estar das populações humanas, e tem como objetivos básicos proteger a diversidade biológica, disciplinar o processo de ocupação e assegurar a sustentabilidade do uso dos recursos naturais. É constituída por terras públicas ou privadas" (Brasil, 2020a). A definição se refere ao conceito de:

a) Área de proteção ambiental.

b) Área de exploração ambiental.

c) Área de degradação ambiental.

d) Área desprotegida.

e) Nenhuma das anteriores.

5. Os resíduos sólidos são classificados de acordo com quais critérios?

   I   Processo ou atividade de origem

   II Constituintes

   III Características

Assinale a alternativa que apresenta o(s) item(ns) correto(s):

a) I.

b) I e II.

c) II e III.

d) I, II e III.

e) Nenhum dos itens está correto.

Atividades de aprendizagem

Questões para reflexão

1. Quando os resíduos ficam a céu aberto, tratamos do local denominado *lixão*, também conhecido como *vazadouro*, *bota-fora* etc. Em sua opinião, quais políticas públicas são necessárias para eliminar os lixões em território brasileiro?

2. As unidades de conservação têm importância fundamental por abrigarem nascentes e consideráveis amostras da biodiversidade brasileira. Em sua opinião, as unidades de conservação são suficientes para garantir a perpetuidade da biodiversidade brasileira? Por quê?

Atividade aplicada: prática

1. Visite uma unidade de conservação de seu estado ou município e verifique se se trata de unidade de proteção integral ou de uso sustentável. Se for o último caso, verifique quais práticas são realizadas dentro da unidade.

Propostas de atividades indicadas para alunos do ensino fundamental

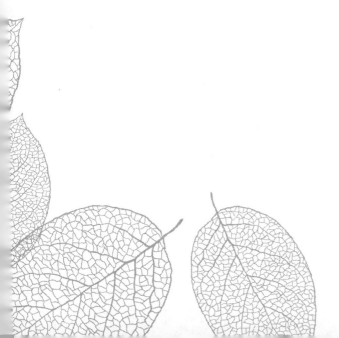

Os processos de educação ambiental podem ser trabalhados de várias formas nos ambientes escolares, e existe um leque de opções variadas que os educadores podem utilizar, as quais visam à captação da atenção dos alunos, favorecendo um processo de sensibilização ambiental. A percepção ambiental através dos sentidos apresenta a capacidade de estimular sensações nos alunos que permitam uma integração à natureza.

As metodologias apresentadas no presente capítulo desta obra atuam como mecanismo de conexão entre mente e corpo, visando a uma interação dos alunos com o meio ambiente, gerando a possibilidade de novas percepções relacionadas aos fatores que integram os ecossistemas naturais.

4.1 Percebendo através dos cinco sentidos

O objetivo das atividades propostas a seguir consiste em despertar os alunos para a observação, o reconhecimento e a percepção crítica do meio no qual estão inseridos mediante o uso e o desenvolvimento das funções dos órgãos dos sentidos. Esse meio pode ser uma referência à própria casa, à escola, ao trajeto da casa à escola, à sala de aula, ao bairro, à cidade, ao lazer, aos parques, às praças etc.

4.1.1 Utilizando a visão para a percepção do entorno da escola

Objetivo: os alunos devem receber a orientação para que observem, desenhem, listem, comentem, descrevam e representem os aspectos que compõem os ambientes com os quais entram em contato, como a sala de aula, a escola, a paisagem observada da janela da casa e o jardim.

Procedimento: nessa atividade, os educandos devem identificar o que faz parte da natureza e o que foi transformado pela ação do homem nos ambientes citados anteriormente, para que desenvolvam uma percepção crítica das ações humanas na alteração da paisagem e do meio.

É importante que os professores estimulem uma percepção das cores que compõem os ambientes naturais, como a coloração azulada do céu, o branco e o cinza das nuvens, as diferentes tonalidades das plantas, das flores, das estações do ano etc. Na sequência, os alunos devem avaliar quais lápis de cor devem ser utilizados para que sejam reproduzidos os tons estudados.

A atividade pode ser complementada por meio de uma comparação entre um ambiente considerado bonito, como um jardim bem cuidado, e um ambiente deteriorado, como um jardim desprovido de cuidados, de modo a incentivar uma reflexão sobre a degradação da natureza em diferentes níveis, a começar pelos espaços do nosso cotidiano. Essa mesma comparação pode ser feita entre construções – tais como casas, prédios e escolas – bem conservadas e edificações depredadas por ações de vandalismo. A finalidade dessa etapa do trabalho é fixar o conceito de preservação/conservação como uma responsabilidade de todos os seres humanos.

4.1.2 Usando o tato

Objetivo: os educandos devem utilizar o tato para a distinção de certas características de cada objeto em particular (limpo, sujo, áspero, liso, mole, quente, frio), com especial atenção para os ambientes limpos e sujos, salientando a importância da higiene para a coletividade. É interessante a utilização do tato em conjunto com os recursos de visão.

Procedimento: deve-se fazer com que a classe reconheça a importância da limpeza da sala de aula, incentivando cada aluno a realizar individualmente atividades habituais de limpeza, transmitindo a noção de que todos têm responsabilidade pela boa manutenção dos espaços.

Uma das primeiras medidas da atividade, portanto, é tratar do tato como um sentido a ser trabalhado com os alunos, pois, a partir do momento que aprendem sobre ele, os alunos terão maior facilidade no desenvolvimento dos outros sentidos.

Alguns materiais podem ser utilizados no trabalho do tato com os alunos, entre eles:

- plantas;
- frutos;
- diferentes tipos de resíduos.

Como enfatizamos, essa atividade pretende despertar no aluno a noção de limpeza e organização na sala de aula ou em outros locais, como o espaço de casa e os diferentes ambientes externos coletivos.

4.1.3 Compreendendo com o olfato

Objetivo: os alunos devem ser incentivados a identificar odores agradáveis, desagradáveis, estranhos, conhecidos, suaves, fortes, artificiais ou naturais, levando em consideração a importância que o olfato pode ter para os seres humanos. Nesse caso, é pertinente desmistificar o conceito equivocado que associa o termo *odor* ao sentido de "mau cheiro" – é importante que o professor demonstre, nessa atividade, que o odor pode ser utilizado como um instrumento de resgate de lembranças vividas, de emoções de eventos passados.

Procedimento: deve-se pedir aos alunos que registrem os diferentes tipos de odores presentes em suas casas, no caminho da casa à escola, nos bairros, nas proximidades de parques ou florestas, rios etc.

4.1.4 Identificando os paladares

Objetivo: os educandos devem ser estimulados a utilizar o paladar para a identificação e distinção de sabores com o intuito de fazê-los perceber a importância dos alimentos naturais. Essa atividade é extremamente rica, pois os sabores podem ser um relevante instrumento para a detecção de problemas ambientais, já que, por meio da culinária, os alunos podem conhecer o percurso dos alimentos até que estes cheguem à mesa da população, assim como podem conscientizar-se sobre a maneira adequada de descarte de resíduos orgânicos. Esse trabalho pode ser utilizado para a promoção de ações sustentáveis, que, pouco a pouco, vão difundindo nos educandos e seus pares a preocupação com o meio ambiente na atualidade.

Procedimento: a ideia é promover uma discussão entre os alunos que lhes permita distinguir os sabores dos alimentos ingeridos no dia a dia, comparar os sabores dos produtos naturais com os dos produtos produzidos artificialmente e, por fim, dissertar criticamente sobre os sabores artificiais adquiridos pelo uso de corantes, conservantes e aditivos.

O tato também pode ser utilizado para outras finalidades, como para a identificação de determinados alimentos que são consumidos habitualmente pela população brasileira, entre eles:

Quadro 4.1 – Identificação de alimentos através do tato

Nome popular	Nome científico	Sentido(s) estimulado(s)
Batata doce	*Ipomoea batatas*	Tato/olfato
Mandioca	*Manihot esculenta*	Tato
Batata inglesa	*Solonum sp.*	Tato/olfato
Cenoura	*Daucus carota*	Tato
Abacaxi	*Ananas comosus*	Tato/olfato
Banana	*Musa sp*	Tato

4.1.5 Compreendendo com a audição

Objetivo: Construir uma audição que permita identificar os sons da natureza e refletir acerca da poluição sonora.

Procedimento: os educadores devem providenciar dispositivos portáteis (*pendrive*, cd, etc.) com sons da natureza, como o canto dos pássaros, a vocalização de mamíferos, o som de uma cachoeira, etc. para que os alunos possam descobrir o valor do ouvir e o que os sons podem representar.

4.2 Os animais e as plantas que encontramos diariamente

Objetivo: fazer com que os alunos desenvolvam o conhecimento relativo à biodiversidade (variedade de animais e plantas) presentes nos locais que frequentam.

Procedimento: os alunos devem realizar uma pesquisa para identificar as distintas espécies de animais e vegetais presentes em seu entorno. Em seguida, o educador deve demonstrar a importância de cultivar plantas e árvores e do zelo para com os animais presentes em sua região e em demais localidades. Na sequência, os alunos devem ser convidados a demonstrar suas opiniões sobre como contribuir para a melhoria das condições do meio no qual habitam.

É importante que seja explicado o papel dos animais no meio ambiente, mesmo daqueles por vezes considerados antiestéticos, como sapos e cobras, e de que maneira esses seres atuam no equilíbrio ambiental.

Leitura complementar

Para a realização dessa atividade, recomendamos a leitura da seguinte obra:

BRANCO, S. M. Expedição ecológica ao fundo do quintal. São Paulo: Cetesb, 1981.

4.3 Percebendo a escola e outros ambientes por meio da matemática

Objetivo: os alunos devem desenvolver o sentido de espaço por meio da criação de um roteiro de estudo relacionado à área da escola (área de lazer, edificações, área verde etc.) e desenvolver noções de espaço por meio da utilização de operações matemáticas.

Procedimento: os alunos devem ser convidados para um passeio organizado pelo professor no ambiente escolar; durante a atividade, os educandos devem anotar as medidas das áreas visitadas (objeto de estudo) e realizar uma comparação entre os distintos espaços. Alguns materiais específicos podem ser utilizados para essa atividade:

- papel milimetrado;
- borracha;
- lápis de cor;
- fita métrica.

Por meio de operações matemáticas como os conjuntos, as proporções e as porcentagens, os alunos devem trabalhar suas noções sobre espaços verdes, proporções e diferenças entre as plantas etc.

4.4 Como se encontra o meu bairro?

Objetivo: essa atividade deve ser concebida de modo a incentivar os alunos a conhecer os recursos presentes em seus bairros e desenvolver uma noção de zelo sobre o meio em que vivem.

Procedimento: utilizar um questionário de avaliação do bairro (Apêndice A, ao final desta obra), que deverá ser respondido pelos alunos. Feitas as considerações dos educandos, o total de pontos obtidos ou perdidos pelo bairro deve ser calculado, de acordo com a Tabela 1 do Apêndice A.

Caso todas as ruas do bairro eventualmente apresentem uma rede de distribuição de água e esgotos e o município realize a coleta do lixo, o professor deve demonstrar aos alunos a importância desses recursos para garantir uma vida saudável aos moradores de determinada região, destacando o fato de que a água que passa por processos de tratamento apresenta baixo risco de contaminação por sujeiras e microrganismos.

Além disso, o educador deve destacar a relevância da rede de esgoto no combate a coliformes termotolerantes, que, ao serem depositados na água, criam focos de contaminação. É importante enfatizar que a rede de coleta de esgotos tem a função de impedir o contágio de diversas doenças transmitidas pelo contato com microrganismos presentes em fezes e que, por isso, os domicílios devem contar com fossas ligadas a essa rede.

Finalizando a atividade, o professor deve ressaltar o trabalho fundamental da coleta de lixo nos bairros, especialmente naqueles de médio e grande porte, pois, em locais onde não existe a coleta, as pessoas tendem a descartar o lixo em quintais e rios, criando um ambiente propício para a reprodução de vetores de doenças, como insetos e ratos. É importante esclarecer para os alunos que, em locais onde não existe coleta, é indicado que o lixo produzido seja enterrado ou queimado.

4.5 Seres vivos e não vivos

Objetivo: o objetivo dessa atividade é estimular os alunos a realizar uma diferenciação entre os seres vivos e os elementos da natureza que não têm vida, como a água, o solo e as pedras.

Procedimento: deve-se perguntar aos alunos se eles já visitaram algum sítio, praia ou parque e pedir que eles relatem aos seus colegas o que visualizaram nesses locais. O professor pode auxiliar os alunos por meio de perguntas que os estimulem a enumerar os animais e vegetais visualizados e a relatar a presença de rios e açudes nos locais descritos.

Caso seja possível, é interessante promover essa atividade por meio da proposição de um passeio a uma praça que contenha um jardim ou um parque nas proximidades da escola.

Feitas as considerações dos alunos sobre os lugares visitados, o professor pode propor uma atividade de desenho, para que os educandos representem seres vistos nos locais visitados.

4.6 Explorando as regiões de seu estado

Objetivo: essa atividade é realizada para estimular os alunos a identificar as regiões naturais dos respectivos municípios e defender a importância de protegê-las.

Procedimento: Promover uma excursão que possa propiciar os seguintes elementos:

- conhecimento dos ambientes naturais e da cultura local;
- desenvolvimento de um espírito de investigação e observação nos alunos;
- criação de uma postura de valorização dos ambientes naturais e do patrimônios natural e cultural.

Antes da excursão, os alunos devem ser sensibilizados para a importância das riquezas naturais ocorrentes no estado em que habitam, de modo a criar nos educandos uma percepção ecológica.

Áreas que sofreram alterações por parte do ser humano devem ser mostradas para viabilizar um debate sobre a importância da criação de áreas protegidas (áreas de proteção ambiental, reservas naturais, reservas ecológicas etc.).

Observação: é necessário criar previamente um roteiro, para que todos os itens importantes venham a ser observados.

4.7 Perspectiva ambiental: ambiente natural e antropizado

Objetivo: essa atividade é realizada para incentivar os alunos a tratar do problema dos impactos ambientais imageticamente, por meio da produção de cartazes, desenvolvendo uma educação ambiental crítica, explorando os espaços em que os alunos transitam e vivem para tratar da diferenciação de ambientes naturais daqueles com interferência humana. O professor pode, em conjunto com os alunos, desenvolver vários temas.

Procedimento: a seguir, apresentamos alguns temas e abordagens que podem ser tratados em um conjunto de cartazes, de modo que os alunos tenham uma visão ampla das discussões empreendidas.

Cartaz I

Apresentação de um ambiente natural conservado: exposição dos recursos naturais presentes em território brasileiro; demonstração de utilização racional dos recursos naturais e atividades como a pesca e o turismo, bem como de atividades extrativistas dos solos, das florestas, dos recursos minerais e de demais ecossistemas presentes no Brasil.

Cartaz II

Apresentação de um ambiente natural degradado: exposição de ambientais impactados por queimadas, desmatamento, caça e pesca predatórias, problemas ambientais oriundos da intensa utilização de agrotóxicos, poluição industrial etc. Apresentação de ar contaminado, rios poluídos e da má utilização do solo para a agricultura.

Cartaz III

Apresentação de um ambiente urbano planejado: exposição de espaço ocupado de forma racional, de áreas verdes presentes, de serviços públicos bem geridos, de áreas de lazer, dos resultados de leis adequadas do uso do solo.

Cartaz IV

Apresentação de um ambiente urbano degradado: exposição das causas e consequências do processo de urbanização no Brasil; da ocupação irregular nas margens de rios; de serviços públicos deficientes; da poluição de rios, visual e sonora.

4.8 Dramatização do ambiente

Objetivo: essa atividade é realizada para que os alunos possam associar as dificuldades com a necessidade de estimular os outros sentidos, com a finalidade de perceberem os problemas ambientais locais. A mímica, por exemplo, é uma forma de exprimir pensamentos e sentimentos por meio de símbolos, como gestos e sinais; assim, ela integra a ciência da simbologia, a sematologia, utilizada como meio de expressar o que se passa na mente e no campo emocional através das linguagens que não se valem das palavras.

Procedimento:

☞ Nome da prática: "Encenando: cenas de interdependência"
☞ Faixa etária sugerida: todas

Escrever em tiras de papel as seguintes frases:

☞ "Você é um carro na estrada".
☞ "Você é um peixe que está morrendo por conta da poluição da água".
☞ "Você é uma pessoa jogando lixo no rio".
☞ "Você é um pássaro contaminado por pesticidas".
☞ "Você é o último ser vivo da espécie".

Dividir a turma em grupos de três participantes e distribuir as frases nas equipes.

Tarefas

1. Por meio da mímica, cada grupo deve representar sua frase em 5 minutos.

2. Após cada grupo apresentar seu tema, a sala deve debater sobre as dificuldades encontradas na apresentação de cada problema.

4.9 Jogo lúdico

Objetivo: convém destacar o conceito de *atividade lúdica* antes de esclarecermos a natureza da atividade: "Uma atividade lúdica é caracterizada por ser espontânea, satisfatória e funcional, mas sempre almejando o aprendizado, pois potencializam a criatividade e o desenvolvimento intelectual dos alunos" (Rêgo; Cruz Júnior; Araújo, 2017, p. 150). Tendo como base essa definição, o objetivo dessa atividade é desenvolver, por meio de práticas lúdicas, a consciência para os problemas ambientais advindos das ações humanas, assim como estimular a busca por alternativas que possibilitem amenizar as consequências oriundas das alterações ambientais.

Procedimento: o jogo consiste na apresentação de cartazes com desenhos que representam os temas ambientais. Para cada cartaz deve constar uma ficha com uma introdução sobre o tema e perguntas relacionadas a ele. É interessante que esse jogo utilize um número entre 10 e 20 cartazes, acompanhados de 10 a 20 fichas, contendo temas ambientais variados. Segue um exemplo de ficha.

Ficha n. 1: Cerrado

O cerrado é um bioma presente no Brasil. Grande parte das árvores ocorrentes nesse ambiente apresenta uma casca bastante espessa e uma morfologia tortuosa.

Os animais ocorrentes no cerrado tendem a apresentar uma grande variedade de cores, com predominância de tons acinzentados e pardo-amarelados, em razão do processo de mimetismo[1].

a) Cite três espécies de animais ocorrentes no cerrado.

b) Em sua opinião, por que as árvores presentes no cerrado apresentam um tronco com casca grossa?

c) Em quais regiões brasileiras o Cerrado está presente?

Nota: [1] Mimetismo: "1. Semelhança que certos seres vivos tomam, ora com o meio em que habitam, ora com as espécies mais protegidas, ora ainda com as espécies à custa das quais vivem. 2. Adaptação a uma realidade ou a um ambiente social" (Mimetismo, 2020).

Como jogar

- A turma é dividida em dois grupos; um dado é utilizado para indicar a equipe que iniciará o jogo. O grupo que ficou com o número menor inicia o jogo.
- Decidido o grupo a iniciar a atividade, o dado deve ser jogado novamente para indicar o cartaz a ser verificado. Então a ficha é lida de acordo com o número do dado.
- A pergunta é realizada e o grupo deverá respondê-la. Em caso de acerto, o grupo avança uma casa; em caso de erro, deve voltar uma casa, e a pergunta deve ser respondida por outra equipe, que, em caso de acerto, avança uma casa. O grupo vencedor será aquele que alcançar a chegada primeiramente.

Fica a critério do professor a mudança de temas, a diminuição ou o aumento do número de cartazes e as alterações nas regras do próprio jogo.

4.10 Abordagem de situações-problema

Objetivo: essa atividade tem como proposta estimular os alunos a analisar situações-problema e propor soluções para as questões apresentadas.

Procedimento: o professor deve distribuir situações diversificadas para os grupos; essas situações devem ser acompanhadas de um objetivo geral para a análise e solução dos eventos. Os alunos participantes devem simular situações ou adequá-las à realidade, e cada grupo deve realizar uma análise da situação descrita e, em seguida, buscar uma estratégia para resolver o problema proposto. De acordo com Berté (2004), também pode ser demonstrado como o problema pode vir a ser utilizado em distintas disciplinas, como na Língua Portuguesa, na Geografia, na História, na Matemática e em Ciências.

A seguir, apresentamos alguns exemplos de situações-problema relacionadas à educação ambiental:

- Você se encontra em uma nova escola, com área ampla, mas sem espaços verdes ou áreas de lazer, e nas proximidades existe um local com uma grandiosa mata em bom estado de conservação. Com base nessas informações, como a escola poderia vir a aproveitar essa área para o desenvolvimento de projetos relacionados à educação ambiental?
- Você se encontra em uma escola localizada em uma região carente, onde os alunos convivem com sérios problemas relacionados ao saneamento básico: o esgoto se encontra a céu aberto, o lixo é depositado nos rios e nas ruas e o local não conta com água encanada. Não existem áreas verdes

nas proximidades da escola ou do bairro. Como é possível trabalhar a educação ambiental nessa escola?

⇒ Você se encontra em uma escola bem estruturada, que conta com uma praça próxima a ela, sendo a única área verde nas proximidades da escola que os alunos poderiam aproveitar. Quais tipos de atividades relacionadas à educação ambiental poderiam ser realizados nessa área verde? Essa praça corre o risco de desaparecer por conta da construção de casas ou edifícios? Qual é o papel da escola e como ela pode vir a intervir, já que também utiliza o citado espaço público?

⇒ Você se encontra em uma escola equipada com o que há de mais moderno no mercado, com uma arquitetura inovadora, mas sem espaços verdes. Nas proximidades dessa escola não existem parques ou áreas que poderiam ser utilizadas para o lazer. Como a educação ambiental pode ser trabalhada nessa instituição?

⇒ Você se encontra em uma escola que tem uma área bem ampla, porém, sem a presença de árvores. Nos períodos sem chuvas, a poeira proveniente da terra solta causa problemas, e durante o período de chuvas, o barro é uma constante. Como a educação ambiental pode ser trabalhada nessa escola?

4.11 Atividade *in loco*: trabalho de campo

Objetivo: essa atividade é concebida para auxiliar os alunos a identificar e classificar as espécies da flora de determinado local, bem como observar a influência dos fatores do meio (água, luz, temperatura) em seu desenvolvimento.

O trabalho de campo é uma importante metodologia de ensino-aprendizagem. Por meio de uma atividade *in loco*, "o aluno compreender o lugar e o mundo, articulando a teoria à prática através da observação e da análise do espaço vivido e concebido" (Lima; Assis, 2005).

Procedimentos:

a. Um local de área verde deve ser selecionado para que seja realizada uma visita de reconhecimento e a elaboração de um mapa do terreno selecionado.

b. A turma é dividida em grupos de três ou quatro participantes; para cada grupo, deve ser dada uma cópia do mapa local que foi selecionado para a atividade.

c. Uma tarefa deve ser atribuída para cada grupo, e os participantes deverão estar cientes que devem realizar uma busca do maior número possível de exemplos da situação em que foi descrita na tarefa.

Tarefas

1. O maior número de exemplos de plantas deve ser identificado e marcado, assim como devem ser apresentados os locais onde se desenvolvem mais e onde crescem menos. Além disso, os alunos devem indicar os fatores que influenciam no desenvolvimento das plantas nos respectivos locais.

2. Os locais que apresentam uma grande variedade de plantas e os que apresentam uma baixa variedade de espécies devem ser identificados e marcados. Os alunos devem

descobrir quais são os fatores que influenciam as quantidades em cada um dos locais selecionados.

3. As plantas mais raras e as mais comuns devem ser identificadas no local selecionado. Os estudantes devem pesquisar sobre os motivos que permitem essa condição.

4. Poderão ser distribuídos recipientes para que cada grupo guarde as folhas coletadas, a fim de que, posteriormente, sejam identificadas e efetuada a contagem de espécies do local.

5. As plantas que chamam a atenção em razão do cheiro, do som e do aspecto devem ser identificadas. Os alunos devem pesquisar o motivo das características atraentes ou repelentes das espécies encontradas?

Questões gerais

a. Quais são as características predominantes no local de estudo?

b. Quais sinais demonstram a influência do ser humano no local?

c. Como seria esse local 20 anos atrás?

d. Como esse local se encontrará daqui a 20 anos?

4.12 Estudo de espécies arbóreas nativas

Objetivo: essa atividade deve ser utilizada para estimular os educandos a conhecer espécies de plantas nativas e a discutir sobre sua importância na composição da biodiversidade local.

Procedimento: em caminhadas pelo pátio da escola, os alunos devem identificar as espécies arbóreas presentes no local, e o professor pode salientar a importância das espécies nativas na composição da biodiversidade, bem como descrever características relacionadas aos aspectos econômicos e ecológicos dessas espécies.

Preparação

a. Escolher um local próximo à cidade que apresenta espécies. Durante a realização da atividade, não é necessário que o professor conheça todas as espécies presentes no local – o fator mais importante é observar as características das espécies, entre elas:
   - período de floração;
   - coloração e disposição das flores;
   - presença de organismos nas flores e sua importância para o processo de polinização.

b. Se possível, realizar coleta de frutos e sementes das plantas no local para um posterior plantio.

c. O plantio das sementes deve ser realizado em canteiros para que, posteriormente, as mudas sejam dispostas em um local definitivo.

d. Durante o processo de plantio, os alunos devem ser estimulados a observar as características de cada espécie, como o período de germinação, a velocidade de desenvolvimento e os aspectos que diferem as plantas jovens das adultas.

Questões gerais

1. Como é a biodiversidade em uma floresta nativa que não sofreu grandes interferências por parte do ser humano?

2. Quais são as características que diferem uma floresta nativa de uma área que sofreu um processo de reflorestamento com somente uma espécie (ex: áreas de plantio de pinus e eucaliptos).

4.13 Criação de um Clube de Amigos da Natureza

Objetivo: o Clube de Amigos da Natureza deve ser criado com o propósito de realizar uma congregação da comunidade para que sejam tomadas ações em prol da proteção ambiental, sensibilizando a comunidade geral sobre a problemática ambiental e, ao mesmo tempo, apresentando possíveis soluções para o contorno desse quadro.

Procedimento: o clube pode ser criado dentro de um centro comunitário, do qual devem participar orientadores com a função de dar um suporte básico para o programa de trabalho. Os sócios, por sua vez, devem eleger uma diretoria a cada ano.

O Clube deve ter um estatuto próprio, elaborado por seus membros, que necessita incluir sugestões de programas a serem desenvolvidos pelos membros da comunidade, como a criação de uma patrulha para identificar agressões ao meio ambiente, o treinamento de membros da comunidade para a criação de hortas e o plantio de mudas de plantas nativas e frutíferas. Outras iniciativas podem ser realizadas por esse Clube:

a. Levantamento das plantas ocorrentes nas áreas que compõem a comunidade.

b. Criação de peças a serem interpretadas pelos próprios membros da comunidade (sugere-se que o tema tenha relação com o respeito à natureza e esteja em voga no momento).

c. Criação de uma feira ecológica.

d. Apresentação de projetos relativos à preservação e à conservação do meio ambiente.

e. Exposição de dados oriundos de pesquisas ligadas ao equilíbrio ambiental.

f. Festival de primavera.

g. Apresentação de fotografias, plantas e coreografias relacionadas a esse período de grande importância no meio ambiente.

h. Campanhas que visem à sensibilização da comunidade no que se refere à coleta e à seleção dos resíduos para o processo de reciclagem.

i. Implantação de composteiras.

j. Exposição e venda de materiais de sucata.

k. Exposição de cartazes com temas relacionados à preservação ambiental, com recortes de jornais e fotografias.

l. Os problemas ambientais presentes no local devem ser levantados para que a comunidade se mobilize em prol de alternativas para sua solução.

m. Realização de excursões e o estímulo para a participação de cursos ou congressos que tenham a pauta relacionada à preservação ambiental.

n. Elaboração de placas que contenham informações educativas para a sensibilização das pessoas nas escolas, praças, pontos turísticos do bairro etc.

o. Criação de eventos em datas comemorativas para a conservação da natureza (Apêndice B, ao final desta obra)

p. Integrações de outros grupos de jovens interessados, como escoteiros, grupos de jovens de igrejas, assembleias, bairros, grupos de arte.

Síntese

Neste capítulo, elencamos várias atividades a serem utilizadas com os alunos de Educação Ambiental, seja no ambiente escolar, seja fora dele. Exploramos diversas possibilidades de exploração do senso crítico dos educandos, por meio do uso dos sentidos, da observação, do desenho, dos debates, da resolução de problemas, entre outras competências.

Nosso objetivo foi municiar o professor da disciplina de Educação Ambiental com atividades que estimulam múltiplas competências, promovem a interdisciplinaridade e instigam nos alunos a preocupação com a manutenção do meio ambiente, tanto no plano teórico quanto no plano prático.

Atividades de autoavaliação

1. O olfato é um importante sentido para os seres humanos. Explorar esse aspecto é relevante para desmistificar a ligação do termo *odor* com "mau cheiro" – o odor pode ser utilizado como um instrumento de resgate de lembranças vividas e de emoções de eventos passados. Quais são os objetivos das atividades que envolvem a compreensão sobre o meio ambiente por meio do olfato?

   I   Identificar odores agradáveis, desagradáveis.

   II   Identificar odores estranhos e conhecidos.

   III   Identificar odores artificiais ou naturais.

   Assinale a alternativa que apresenta o(s) item(ns) correto(s):

   a) I.

   b) I e II.

   c) II e III.

   d) I, II e III.

   e) Nenhum dos itens está correto.

2. Os sabores podem ser um importante instrumento para a detecção de problemas ambientais. As atividades que envolvem a utilização de sabores com os alunos visam à diferenciação entre os produtos naturais e os produtos produzidos artificialmente, destacando criticamente os sabores artificiais, tais como:

I Corantes

II Conservantes

III Aditivos

Assinale a alternativa que apresenta o(s) item(ns) correto(s):

a) I.

b) I e II.

c) II e III.

d) I, II e III.

e) Nenhum dos itens está correto.

3. Os alunos devem ser sensibilizados quanto à importância das riquezas naturais que existem no estado em que habitam antes da excursão que tem por objetivo despertá-los para uma percepção ecológica. As áreas que sofreram alterações por parte do homem devem ser mostradas, destacando-se a relevância da criação de áreas protegidas, tais como:

I Áreas de proteção ambiental

II Reservas naturais

III Reservas ecológicas

Assinale a alternativa que apresenta o(s) item(ns) correto(s):

a) I.

b) I e II.

c) II e III.

d) I, II e III.

e) Nenhum dos itens está correto.

4. "É caracterizada por ser espontânea, satisfatória e funcional, mas sempre almejando o aprendizado, pois potencializam a criatividade e o desenvolvimento intelectual dos alunos". A definição se refere ao conceito de:

a) Atividade lúdica.

b) Atividade física.

c) Atividade infantil.

d) Atividade de matemática.

e) Atividade ambiental.

5. Podem ser feitas campanhas que visem à conscientização da comunidade quanto à coleta e seleção dos resíduos para o processo de reciclagem. Quais ações podem ser úteis para uma sensibilização sobre os problemas oriundos dos resíduos?

I Implantação de composteiras.

II Exposição e venda de materiais de sucata.

III Demonstração dos benefícios dos lixões a céu aberto.

Assinale a alternativa que apresenta o(s) item(ns) correto(s):

a) I.

b) I e II.

c) II e III.

d) I, II e III.

e) Nenhum dos itens está correto.

Atividades de aprendizagem

Questões para reflexão

1. Em sua opinião, qual é a importância do incentivo ao plantio de árvores nativas para a composição da biodiversidade local?

2. Em sua opinião, o trabalho de campo é uma ferramenta eficiente na metodologia de ensino-aprendizagem que visa às questões ambientais? Por quê?

Atividade aplicada: prática

1. Faça uma visita em áreas verdes próximas de sua residência e verifique a variedade de plantas e animais nos locais. Em seguida, liste os que apresentam uma baixa biodiversidade. Para finalizar, faça uma pesquisa sobre os fatores que influenciam as quantidades de animais e vegetais nesses ambientes.

Utilização de técnicas e recursos didáticos para a aplicação de programas de educação ambiental com alunos do ensino médio

O processo de ensino-aprendizagem no ambiente escolar exige metodologias cada vez mais variadas, que transformem a sala de aula em um ambiente prazeroso e instigante para a busca dos alunos pelo conhecimento. O papel dos educadores nessa dinâmica é fundamental, pois esses profissionais devem estimular a curiosidade dos educandos e gerar neles um desejo de esclarecer suas dúvidas sobre o mundo que os cerca.

Daí a necessidade de os professores planejarem e avaliarem constantemente suas atividades docentes, a fim de viabilizar a aprendizagem significativa dos alunos. Nesse processo, é de grande importância que os educadores utilizem determinados recursos que otimizem suas práticas pedagógicas.

Neste capítulo da obra, apresentamos recursos e metodologias que podem ser empregados pelos educadores no contexto da promoção de programas de educação ambiental em ambientes escolares com alunos do ensino médio.

5.1 Introdução à pesquisa

O ensino à pesquisa consiste em conduzir o educando a focalizar determinada situação e, com base na observação, processar os dados e refletir sobre eles. As categorias de pesquisa de que os educandos podem se valer para seus trabalhos são as seguintes:

I. **De campo**: coleta e análise de dados, citando por exemplo, dados referentes a determinada situação cultural, faixa etária, campo social etc. A obtenção dos dados é realizada por meio de entrevistas ou aplicação de questionários.

II. **Bibliográfica**: consulta a acervos de livros, jornais, folhetos, *sites* e revistas, para obter os dados necessários que expliquem o tema em questão.

III. **Experimental**: realizada com o objetivo de comprovar uma hipótese previamente concebida utilizando-se da natureza, de grupos sociais ou, ainda, do próprio ser humano. Basicamente, uma pesquisa experimental busca testar várias hipóteses que são referentes à convicção do pesquisador.

No processo de ensino-aprendizagem, a abordagem da pesquisa pode ser utilizada com os seguintes objetivos:

I. O aluno deve ser colocado em contato com a realidade, para que venha a reconhecê-la e calcular suas possibilidades de ação nessa realidade.

II. Favorecer a formação de uma mentalidade científica do educando, para que seja convencido da casualidade dos fatos, de que, em parte, podem ser considerados fruto das ações antrópicas.

III. O indivíduo torna-se mais objetivo à medida que utiliza dados concretos.

A seguir, vamos aprofundar os métodos de pesquisa citados, para oferecer uma noção mais precisa das maneiras de trabalhar com a abordagem da pesquisa em sala de aula.

5.1.1 Pesquisa de campo: coleta de informações com pessoas: entrevista e questionário

A aplicação de entrevistas é um instrumento de pesquisa que pode ser utilizado com qualquer indivíduo, alfabetizado ou não. Além disso, essa ferramenta de análise da realidade permite maior flexibilidade na aplicação das perguntas, visto que o pesquisador pode reformulá-las ou repeti-las. Segundo Silva et. al. (2006), suas desvantagens se referem aos seguintes fatores:

- falta de motivação do entrevistado;
- falsas respostas;
- inabilidade do entrevistador;
- possibilidade de influência do pesquisador.

O questionário pode ser utilizado de forma mais abrangente, atingindo maior número de pessoas simultaneamente. Outra vantagem dessa ferramenta de análise é a obtenção de respostas rápidas e mais precisas (Boni; Quaresma, 2005).

Essa metodologia consiste na aplicação de indagações que podem ser de natureza aberta (dissertativa) ou fechada (optativa). As questões podem ser qualitativas ou quantitativas – a primeira "depende de muitos fatores, tais como a natureza dos dados coletados, a extensão da amostra, os instrumentos de pesquisa e os pressupostos teóricos que nortearam a investigação", considerando a opinião do entrevistado (Gil, 2002, p. 133). A segunda, normalmente, é utilizada por meio de *softwares* que auxiliam na quantificação dos dados, ou seja, os dados podem ser trabalhados de forma estatística (Gil, 2002).

Objetivos:

- Coletar informações e opiniões acerca de um tema.
- Pesquisar conhecimentos de um especialista.
- Coletar o maior número de informações na menor quantidade de tempo possível.
- Propiciar o contato dos alunos com pessoas em situação positiva.

Componentes:

- Coordenador
- Entrevistado
- Entrevistador
- Auditório, sala ou estúdio

5.1.2 Pesquisa bibliográfica: coleta de informações em livros, revistas e jornais

Esse instrumento de pesquisa divide-se em dois grupos: os livros, fontes de leitura corrente, como obras literárias, ou de referências, como dicionários, anuários e enciclopédias; e os periódicos, que se dividem em revistas e jornais (Gil, 2002).

Segundo Gil (2002, p. 45), artigos publicados em periódicos podem ser editados "em fascículos, em intervalos regulares ou irregulares". O autor cita ainda que as revistas "representam nos tempos atuais uma das mais importantes fontes bibliográficas. Enquanto a matéria dos jornais se caracteriza principalmente pela rapidez, a das revistas tende a ser muito mais profunda e mais bem elaborada" (Gil, 2002 , p. 45).

Essa metodologia de levantamento de dados pode ser desenvolvida nas etapas descritas a seguir:

I. Levantamento de uma bibliografia relacionada ao tema escolhido para o estudo.
II. Realização de trabalhos ligados à seleção de textos (optando por escolher os mais significativos e completos).
III. Anotação de hipóteses, problemas, soluções e ideias.

Observações:

- Os dados levantados são a matéria-prima que permite à pesquisa ter um significado, devendo ser agrupados e interpretados.
- Os dados obtidos devem passar por um processo de comparação, crítica, combinação ou exclusão e homogeneização, para que seja possível prevenir contradições.
- Os dados podem passar por uma classificação baseada no critério de organização, semelhança, agrupamento e relação.

Figura 5.1 – Classificação das fontes bibliográficas

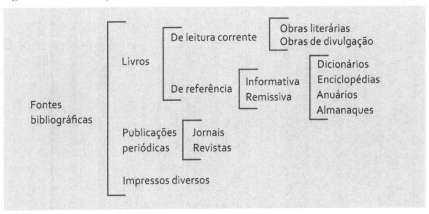

Fonte: Gil, 2002, p. 44.

Nas seções a seguir, trataremos de várias outras opções de trabalho com os alunos do ensino médio.

5.2 Trabalho em grupo

O trabalho em grupo é aplicado para o desenvolvimento de um estudo de um tema específico ou unidade de assuntos, bem como para realizar determinada tarefa que vise ao desenvolvimento da capacidade do indivíduo de se articular com várias pessoas.

Objetivos:

- Facilitar a aprendizagem.
- Consolidar o espírito de grupo.
- Visualizar o objeto de estudo de várias formas.
- Ampliar o espírito comunitário.

Desenvolvimento:

- Primeiramente, o professor explana sobre os assuntos que devem ser trabalhados.
- Em seguida, os alunos são separados em grupos para que o tema escolhido pelo professor seja estudado e discutido por meio da realização de um estudo dirigido.
- Os alunos podem ter experiências práticas por meio de pesquisas, excursões etc.

5.3 Palestra

A exposição das ideias de um orador perante uma audiência consiste em uma palestra. Essa atividade demanda que o tema seja previamente escolhido. Trata-se de um evento em que o palestrante expõe suas ideias e a plateia acompanha sem fazer interrupções. Eventualmente, perguntas são destinadas para o final do evento.

Procedimentos:

- Os objetivos da escola devem ser previamente conhecidos.
- O tema ou conteúdo a ser desenvolvido deve estar previsto.
- O assunto deverá ser discorrido no momento oportuno.

5.4 Seminário

Um seminário é caracterizado por estimular os alunos a realizar pesquisas sobre determinado tema e, em seguida, apresentá-lo e discuti-lo com abordagem científica, clara e documentada. Diferentemente de uma palestra, em um seminário, após a exposição do orador, é realizado um debate com o auditório.

Objetivos:

- Por meio do processo de pesquisa, o ensino é consolidado.
- Os alunos são estimulados a trabalhar em grupo.
- Os fatos observados são sistematizados e se tornam alvo de profunda reflexão.

Componentes:

- Diretor (especialista no assunto).
- Relator (relata as falas, os depoimentos e as discussões)
- Comentador (deve estudar os temas com antecedência, com o objetivo de comentar os assuntos discutidos de forma crítica e adequada)
- Participante (convidado para assistir ao seminário).

5.5 Mesa-redonda

Uma mesa-redonda consiste na promoção de uma discussão em que participam vários especialistas com posições diferenciadas a respeito do tema discutido. Os especialistas expõem suas posições e prestam esclarecimentos. O evento deve ser composto de, no mínimo, três especialistas e deve durar de 40 a 60 minutos.

Objetivos:

- Esclarecer de forma objetiva as temáticas.
- Os alunos devem adquirir a capacidade de ouvir opiniões contrárias, sem partir para uma postura agressiva.
- Os educandos devem ser estimulados a assumir uma atitude de reflexão.
- Conduzir ao aprofundamento de um tema apresentado anteriormente em classe.

Componentes:

- Coordenador (pessoa que faz a intermediação entre as opiniões contraditórias).
- Expositores (apresentam seus argumentos predefinidos).
- Auditório (convidados para acompanhar o evento).

5.6 Debate

Quando o tema a ser tratado gera posições contrárias entre os alunos ou quando existem blocos de opiniões sobre determinados temas e cada grupo de educandos assume a posição de defender seu ponto de vista por meio de uma competição intelectual entre os grupos, surge uma boa oportunidade para se iniciar um debate.

Para que essa dinâmica seja possível, é necessário que os alunos sejam munidos previamente de conhecimento relacionado ao tema proposto.

Objetivos:

- Desenvolver agilidade mental.
- Desenvolver espírito de combatividade e autoconfiança.
- Desenvolver a capacidade de realizar argumentos de forma lógica e convincente.
- Observar minunciosamente os detalhes com a finalidade de utilizá-los para argumentar e contra-argumentar.

Componentes:

- Moderador (visa controlar o debate e mediar as ideias).
- Debatedores (discutem acerca de suas causas ou posições predefinidas).
- Plateia (conjunto de expectadores do evento).

5.7 Reportagem

O procedimento metodológico de reportagem pode ser utilizado em determinadas situações, entre elas:

- Para obter informes complementares a um tema de estudo.
- Para destacar e esclarecer questões em voga na sociedade, bem como aquelas relacionadas a certa temática ou disciplina.
- Para o início de um contato com uma temática que será estudada sistematicamente.

5.8 Relatório

Um relatório consiste no registro dos dados obtidos referentes a determinado assunto explorado. Os dados coletados são organizados e expostos de acordo com uma ordem de ideias, tomando-se cuidado para que não sejam omitidos fatos, pois o documento deve ser o mais fidedigno possível.

Objetivos:

- Comunicar a atividade desenvolvida.
- Fornecer o relato permanente do estudo.

Procedimentos:

- Título e data.
- Introdução.
- Procedimento experimental.
- Análise dos dados.
- Conclusão.

5.9 Comunicação oral/visual

Essa técnica é caracterizada pela exposição de determinado tema perante os alunos. O educador poderá utilizar recursos didáticos visuais para complementação, tais como fotografias, vídeos, filmes e documentários, com o objetivo de exemplificar sua explanação teórica.

Objetivos:

- Verificar a comunicação verbal (oral, vocábulos, conhecimento prévio).

- Contato visual.
- Construção conjunta do conhecimento.

Procedimentos:

- Os temas são agendados com antecedência.
- Todos devem participar ativamente das reflexões.

5.10 Conversação dirigida

A conversação dirigida faz referência à discussão, realizada com pessoas reunidas em grupos para uma reflexão cooperativa, com a finalidade de compreender um fato e, a partir de então, tirar conclusões.

Objetivos:

- Participar de situações de comunicação oral.
- Expor ideias com clareza e autonomia.
- Ouvir as ideias dos demais participantes.

Procedimentos:

- Organizar os alunos de forma que todos possam se ver.
- Antes de iniciar do início da conversa, os assuntos devem ser propostos.
- Perguntas sobre temas relevantes devem ser considerados no momento da conversa.

Participantes:

- Coordenador.
- Secretário.
- A classe.

5.11 Cochicho

É formado a partir de grupos com dois componentes que discutem, por cerca de dois minutos, a problemática proposta pelo coordenador.

Essa técnica aplica-se preferencialmente em auditórios ou pequenas classes, sendo desenvolvida por grupos restritos a duas pessoas, que, dessa maneira, chegam mais rapidamente a determinada conclusão.

Para expor ao coordenador as conclusões obtidas, um representante do grupo deverá explanar a posição do grupo.

Objetivo:

- Levar os alunos a participar de uma discussão.
- Criar um ambiente informal e democrático durante o debate.
- Colher ideias, opiniões e posições dos alunos.

5.12 Cópia/ditado

A cópia e o ditado são utilizados, geralmente, em primeiras séries do ensino fundamental, com o objetivo de reforçar a aprendizagem das temáticas trabalhadas em classe.

Objetivos:

- Aprender a escrita de novas palavras.
- Reconhecer a necessidade da concentração para realizar um ditado.
- Reconhecer a leitura como uma maneira de auxiliar na descoberta de novos conhecimentos.

5.13 Leitura

A leitura dirigida é empregada na orientação à aprendizagem dos alunos por meio da leitura de textos selecionados, com a finalidade de conduzi-lo ao estudo fundamental de determinado tema.

Objetivo:

- Aprofundar as temáticas trabalhadas em classe.
- Ampliar os estudos por meio de sua relação com outros temas.
- Conhecer a bibliografia que compõe um tema e uma disciplina.
- Desenvolver o hábito da leitura e a habilidade de interpretar o material escrito.

5.14 Interpretação de textos

É realizada após a leitura, e os estudos são processados em classe na presença de um professor.

Objetivos:

- Desenvolver a rapidez e a atenção ao longo de uma leitura.
- Desenvolver a capacidade do aluno de realizar a seleção dos dados importantes no texto.
- Criar autoconfiança por meio da leitura, acompanhada de apreensão e interpretação dos dados presentes no texto.
- Superar as dificuldades encontradas pelos educandos nos estudos.

5.15 Poesia

O educando é estimulado a realizar a leitura individual de um texto poético com minúcia.

Objetivo:

- Desenvolver a capacidade de leitura de textos poéticos com atenção e compreensão.
- Possibilitar a absorção dos aspectos gerais do texto.
- Possibilitar a observação dos detalhes do texto.

Valores:

- Conhecimentos/habilidades.

5.16 Maquete

É caracterizada por uma representação espacial (tridimensional) de um ambiente ou realidade física (paisagem, edificação, projeto etc.) em uma escala reduzida, imitando, em miniaturas, essa realidade observada. Essa técnica pode ser utilizada para representar a localização da escola, do bairro, de uma floreta ou de quaisquer outros locais que se queira representar. Para a criação de maquetes, é recomendado que sejam utilizados materiais que podem ser recicláveis, como papel, caixas e papelão.

Objetivo:

- Apresentar e contextualizar temas relevantes.
- Estimular a criatividade.
- Desenvolver a cooperação em grupos.

Procedimentos:

- Definir o projeto a ser inspirado.
- Utilizar moldes de papelão.
- Juntar as peças e colar umas nas outras.
- Pintar os objetos representados.

5.17 Cartaz/gravuras

Os cartazes e as gravuras são recursos didáticos que também podem ser utilizados em muitas disciplinas e têm a finalidade de complementar as etapas que foram desenvolvidas em sala de aula ou comunidade. Um texto elaborado de forma inteligente e objetiva deve estar presente no cartaz, com cores harmônicas e uma ilustração que sugira a temática abordada.

Objetivo:

- Comunicar uma mensagem para as pessoas.
- Informar características de um fenômeno.

Procedimentos:

- Escolha de assuntos relevantes a serem colocados no material.
- As letras devem ser legíveis e as imagens devem conter legendas.

5.18 Álbuns de figurinhas

Um álbum de figurinhas é caracterizado pelo processo de troca de figurinhas entre os participantes para a complementação do álbum. É um elemento metodológico importante para o desenvolvimento de crianças.

Objetivo:

- Possibilitar que os alunos compreendam os aspectos da natureza nos locais em que habitam.
- Enriquecer o processo de aprendizagem dos alunos.

Procedimento:

- O tema deve ser escolhido.
- Verificação de imagens que podem ser utilizadas.
- As figurinhas devem ser impressas e distribuídas entre os alunos.

5.19 Painéis/murais/quadros

São recursos didáticos utilizados para enfatizar mensagens, *slogans* e avisos.

Podem servir às diferentes áreas do currículo como um material de apoio sobre os assuntos que são abordados na sequência das atividades. Trata-se de materiais indispensáveis, devendo estar presentes em salas de aula e durante o desenvolvimento das unidades de trabalho.

5.20 Álbum seriado

Pode ser utilizado tanto pelos alunos quanto pelos professores, com confecção e manuseio facilitados. Nas situações em que o professor realiza o planejamento da apresentação de um assunto, o processo pode ser esquematizado em folhas de álbum seriado, objetivando a motivação e a manutenção da atenção da classe.

As folhas devem conter legendas curtas e individualizadas, com letras simplificadas, e o texto deve ser disposto adequadamente, podendo-se utilizar gravuras, desenhos, recortes de revistas etc. Trata-se um recurso complementar à documentação e sistematização de pesquisas.

5.21 Histórias em quadrinhos

As histórias em quadrinhos são um recurso didático específico, sendo utilizado em diversas disciplinas (principalmente de Comunicação e Expressão), contribuindo para a ordenação do pensamento lógico, a ampliação de vocabulário e o desenvolvimento da criatividade.

5.22 Excursão/visita/passeios

São passeios com fins de estudos ou pesquisa de campo e devem ser planejados antecipadamente, com a criação de um roteiro e objetivos claros. Nas três situações, os deslocamentos devem ser dirigidos e orientados por um professor.

O relatório e a discussão realizada posteriormente serão um complemento da unidade trabalhada.

Objetivo:

- Integração de diversas áreas do conhecimento.
- Proporciona uma aprendizagem mais ampla por parte dos alunos.

- Permite a conexão entre temas que aparentemente não apresentam ligação.

Procedimento:

- Verificar os locais apropriados para ser desenvolvida essa atividade.
- É importante que o professor estabeleça antecipadamente temas importantes a serem desenvolvidos durante a atividade.

5.23 Exposição

A exposição é uma apresentação de produtos para um público, que pode ser especializado, ou não, com as temáticas trabalhadas. A criação de uma exposição exige um planejamento e deve ser dirigida por um professor, que deve ter um objetivo definido e possibilitar a participação de toda a classe. No final do trabalho, uma avaliação deve ser feita (tanto pelo professor quanto pelos alunos).

Objetivos:

- Demonstrar a importância dos temas trabalhados aos alunos de uma maneira pessoal.
- Despertar a atenção dos alunos.

Procedimentos:

- Os objetivos da exposição devem ser definidos de maneira clara.
- Atentar os alunos sobre a variedade de pontos de visitas culturais.

Síntese

Neste capítulo, demonstramos as técnicas e os recursos didáticos que podem ser utilizados na aplicação de programas de educação ambiental com alunos do ensino médio. Nosso intuito foi auxiliar o processo de ensino-aprendizagem de conteúdos propostos, envolvendo trabalhos de pesquisa variados, bem como atividades que demandam construções coletivas de conhecimento, como no caso de trabalhos em grupo, palestras, seminários e mesa-redonda para o desenvolvimento da capacidade de realizar argumentos de forma lógica e convincente. Por fim, tratamos de vários recursos escritos e imagéticos que estimulam a criatividade.

Atividades de autoavaliação

1. Uma pesquisa bibliográfica é caracterizada pela consulta a um acervo de quais elementos?

   I   Livros.

   II Jornais e folhetos.

   III *Sites* e revistas.

   Assinale a alternativa que apresenta o(s) item(ns) correto(s):

   a) I.

   b) I e II.

   c) II e III.

   d) I, II e III.

   e) Nenhum dos itens está correto.

2. A coleta e análise de dados tem o objetivo de comprovar uma hipótese previamente concebida, utilizando-se de quais elementos?

   I   Natureza.

   II Grupos sociais.

   III O próprio ser humano.

Assinale a alternativa que apresenta o(s) item(ns) correto(s):

a) I.

b) I e II.

c) II e III.

d) I, II e III.

e) Nenhum dos itens está correto.

3. O questionário pode ser utilizado de forma mais abrangente, atingindo maior número de pessoas simultaneamente. Quais são os objetivos da utilização de questionários?

I   Coletar informações e opiniões acerca de um tema.

II Aplicar conhecimentos de um especialista.

III Coletar o maior número de informações na menor quantidade de tempo possível.

Assinale a alternativa que apresenta o(s) item(ns) correto(s):

a) I.

b) I e II.

c) II e III.

d) I, II e III.

e) Nenhum dos itens está correto.

4. Quais são os objetivos da realização de trabalhos em grupo?

I   Facilitar a aprendizagem.

II Consolidar o espírito de grupo.

III Promover a aprendizagem de forma individual e isolada.

Assinale a alternativa que apresenta o(s) item(ns) correto(s):

a) I.

b) I e II.

c) II e III.

d) I, II e III.

e) Nenhum dos itens está correto.

5. "É caracterizado por estimular os alunos a realizarem pesquisas sobre um determinado tema e posteriormente deverão apresentar e discutir este tema de forma científica, clara e documentada". A definição se refere ao conceito de:
a) Seminário.
b) Palestra.
c) Trabalho individual.
d) Entrevista.
e) História em quadrinho.

Atividades de aprendizagem

Questões para reflexão

1. Em sua opinião, qual é a importância da realização de trabalhos em grupo em ambientes escolares para o desenvolvimento de crianças?

2. Em sua opinião, os recursos didáticos utilizados atualmente em ambientes escolares são suficientes para promover um aprendizado eficiente nos alunos? Por quê?

Atividade aplicada: prática

1. Faça uma visita em uma escola de seu bairro e verifique quais recursos didáticos são utilizados para o aprendizado dos alunos. Em seguida, faça sugestões à direção, caso seja necessário, com base nos conhecimentos transmitidos neste capítulo da obra.

O uso de tecnologias para a educação ambiental

D esde sua origem, o ser humano utiliza sua capacidade de raciocínio para adquirir novas habilidades e novos conhecimentos e desenvolver tecnologias cada vez mais sofisticadas ao longo da história. Cada época da civilização humana é marcada pelo uso de determinadas tecnologias, que acabou culminando na *era da informação* ou *era digital*, nomenclatura que passou a ser utilizada após a era industrial, especialmente a partir de 1980, década em que os avanços tecnológicos invadiram o cotidiano humano em uma escala cada vez abrangente.

6.1 Panorama atual

Nas últimas décadas, foram desenvolvidas novas tecnologias nas áreas de informação e comunicação, cujo acesso foi ampliado para uma parcela significativa sociedade, evento que abriu novas possibilidades para a utilização desses recursos em ambientes escolares. Para Rodrigues e Colesanti (2008), o uso das novas tecnologias de informação e comunicação na área de educação ambiental representa um avanço no ensino, já que o processo de integração da informática e dos multimeios possibilita o conhecimento a respeito de ambientes diferenciados e de seus problemas intrínsecos por parte dos alunos, bem como a sensibilização dos educandos para essas demandas, por mais distantes espacialmente que eles estejam. Segundo Rocha, Cruz e Leão (2015), os marcos históricos de produção e os desenvolvimentos tecnológicos responsáveis pela degradação ambiental também geraram transformações técnico-científicas que provocam alterações radicais no panorama econômico, social e cultural, acompanhadas de uma reestruturação sem precedentes nos processos de produção e consumo e, consequentemente, nos processos de formação do ser humano.

Importante!

Atualmente, a utilização de novas tecnologias possibilita a utilização de dados, imagens, resumos e demais informações de maneira rápida e atraente. Por isso, para Moran (2009, p. 29-30), torna-se "função do professor ajudar o aluno a fazer uma leitura dessas imagens, a interpretar esses dados, a relacioná-los, e contextualizá-los". Em razão de o ensino da educação ambiental perpassar os ambientes escolares, gerando influência nas famílias dos discentes e na sociedade de maneira geral, é necessário que as práticas pedagógicas utilizadas para essa finalidade sejam enriquecidas com o uso de novas tecnologias.

Com os avanços tecnológicos, é necessário que os educadores mantenham-se atualizados no contexto em que os seus alunos estão inseridos, repensando e reformulado suas práticas educativas quando necessário e, finalmente, inovando em suas práticas por meio das ferramentas tecnológicas disponíveis nos ambientes escolares.

Segundo Rodrigues e Colesanti (2008), em muitos países, programas e estratégias vêm sendo empreendidos para frear a degradação ambiental e encontrar alternativas para processos de produção e consumo menos impactantes. Alinhadas a essas novas demandas, as práticas relacionadas à educação ambiental vêm sendo utilizadas mais intensamente para sensibilizar a sociedade sobre a realidade que envolve as questões ambientais que nos cercam, além de demonstrar o papel dos indivíduos e grupos na manutenção da natureza.

Com a democratização do acesso à internet, aumentaram os espaços de comunicação voltados para a educação ambiental no meio digital, bem como surgiram fóruns e congressos *on-line* que expandem as discussões sobre a degradação ambiental. Essa nova possibilidade de acesso às informações permite mudanças culturais, seja em ambientes de trabalho, seja no âmbito do ensino.

Em várias áreas do conhecimento, entre elas a área ambiental, é possível observar, nas últimas décadas, uma intensa produção de materiais audiovisuais que se tornaram ferramentas úteis para o processo de construção de saberes, tais como os saberes ambientais.

6.2 A educação ambiental e as novas tecnologias de informação e comunicação

Atualmente, as novas tecnologias vêm se destacando de forma cada vez mais intensa na organização de práticas sociais. De acordo com Santos (1997), essa interação entre ciência e tecnologia ocorre de modo tão intenso que alguns autores preferem denominá-las com um único conceito – o de tecnociência, enfatizando seu atual estado de fusão.

Pense a respeito

"A comunicação está em tudo. Tudo é comunicação, transitando num pântano invisível, transparente, entre linguagens, palavras, discursos, sons, fala, imagens, narrativas, abrigando, ainda, a discussão de uma nova dimensão da realidade, propiciada pela velocidade da luz." (Schaun, 2002, p. 30)

Com o surgimento de novas tecnologias nas áreas de informação e comunicação, determinadas informações que se restringiam aos ambientes acadêmicos passaram a ser veiculadas em diversos ambientes digitais, aumentando processo de democratização do acesso às informações. De acordo com Rodrigues e Colesanti (2008), com o aperfeiçoamento dos microprocessadores, com a digitalização da informação, sua disseminação e popularização, estabeleceu-se um ajuste estratégico entre o audiovisual, a informática e as telecomunicações, o que contribui para uma comunicação mais efetiva.

Com a utilização de tecnologias das áreas de informação e comunicação na educação, esse novo modelo passou a se apresentar como um fluxo comunicativo no qual os estudantes também são criadores de mensagens, concebendo "gradualmente a sua visão de mundo a partir de um conjunto de espaços que hoje trabalham o conhecimento, e a conexão da escola com estes diversos universos, tornada possível pelas novas tecnologias que são essenciais" (Dowbor, 2004, p. 47).

Entre as ferramentas tecnológicas disponíveis na atualidade que podem ser utilizadas em ambientes escolares para expor conteúdos diferenciados para os educandos nas temáticas ambientais, destacam-se os computadores, *datashows*, celulares, programas, aplicativos e jogos *on-line* que possam gerar contribuição para o processo educativo.

6.2.1 O uso de aplicativos para a educação ambiental

Por meio da tecnologia, é possível gerar novas formas de ensino; entre elas destaca-se a aprendizagem com aplicativos de celulares. Segundo Silva et al. (2010), devemos reconhecer o papel fundamental desses recursos na utilização de ambientes informatizados no processo de ensino-aprendizagem.

Para que seja possível alcançar a excelência pedagógica, o educador deve inserir as tecnologias de uma maneira eficiente em suas aulas, pois, quando os recursos tecnológicos são bem utilizados, maior é a possibilidade de sucesso no processo de sensibilização para os desafios ambientais da atualidade. "A geração que nasceu na última década do século XX não conheceu um mundo sem telefone celular; é uma geração que cresceu ouvindo falar da internet e utilizando-a para as mais diferentes finalidades, desde jogos online a redes sociais" (Lara, 2011, p. 76). Dessa maneira, a ausência de novas tecnologias no processo de ensino-aprendizagem pode gerar um desinteresse dos discentes no processo de aprendizado, desinteresse que pode ser direcionado às temáticas ambientais, ou outras disciplinas, como pode ser frequentemente observado em ambientes escolares nas últimas décadas.

Com base nesse pressuposto, conforme Rocha, Cruz e Leão (2015), os movimentos da dita "sociedade da informação" pressionam as instituições – entre elas as instituições educativas – a incorporarem as tecnologias da informação e comunicação (TICs) em suas práticas, assim como acontece em diferentes contextos da vida social. Lara (2007, p. 4) relata que, no atual contexto de "inovações tecnológicas", o desenvolvimento das TICs e sua aplicação nos processos educativos trazem possibilidades de inovação para a prática pedagógica e podem contribuir para a qualidade da educação.

No entanto, a mera incorporação de TICs em ambientes escolares, por si só, não é capaz de gerar maior excelência no processo de ensino-aprendizagem, pois é necessário avaliar e empregar adequadamente essas tecnologias nas práticas educativas, bem como demonstrar aos alunos como podem aprender de uma maneira mais eficiente por meio desses recursos. Apesar do crescente uso de novas ferramentas ligadas às TICs, ele ainda é relativamente tímido no contexto da educação ambiental. Os celulares, por exemplo, são instrumentos que podem mudar essa realidade, pois são as ferramentas tecnológicas mais acessíveis para diferentes classes sociais na atualidade; se explorados adequadamente, podem apresentar um potencial promissor para o processo de aprendizagem.

Segundo Sena e Burgos (2010), o telefone celular vem atuando como participante assíduo da realidade pedagógica de escolas das redes pública, particular e universitária, já que é uma ferramenta amplamente disponibilizada nas diferentes práticas sociais, cujos usuários demonstram competência para seu uso como adeptos de seus avanços e suas convergências midiáticas. Assim, o objetivo da utilização de aplicativos de celulares no processo de educação está centrado na possibilidade de gerar resultados positivos por meio de seu uso no processo de ensino-aprendizagem, e não somente em seu acesso propriamente dito, pois essa tecnologia pode ser incorporada como ferramenta para ensinar e aprender (Rocha; Cruz; Leão, 2015).

Segundo Sena e Burgos (2010), o telefone celular pode ser utilizado em diferentes práticas didáticas, entre elas a criação e edição de vídeos e de imagens, bem como para a pesquisa de temas norteadores, cabendo ao educador ampliar o olhar para a exploração de suas potencialidades para o processo educacional.

6.2.1.1 Exemplos de aplicativos

Game Garden

O aplicativo Game Garden conta com *download* gratuito por meio de aparelhos IOS e Android. Como o nome já explica, o jogo está relacionado a jardins, apresentando situações em que os alunos devem identificar maneiras adequadas de cultivo de hortas.

Plantit: a horta biológica

Esse aplicativo ensina o usuário a criar e realizar a manutenção de uma horta biológica em casa. Com o Plantit, os alunos podem aprender a plantar, colher e tratar um jardim de ervas aromáticas e uma pequena horta, tendo a disponibilidade de 28 espécies, como orégano, alho, tomate e alface.

Recycle Bingo: reciclagem fácil para a família toda

Nesse aplicativo, o jogo se trata de escolher um ecoponto habitual e realizar um *check-in* todas as vezes em que estiver no local. Dessa maneira, o usuário recebe pontos denominados *EcoGifts*, que posteriormente podem ser trocados por EcoMoedas, e estas por vários prêmios. Além disso, o aplicativo permite descobrir várias curiosidades sobre o processo de reciclagem e pode ser utilizado pela família toda, estando disponível para Android e IOS.

Biklio: o esforço (re)compensa

Esse aplicativo recompensa a utilização da bicicleta como meio de locomoção, oferecendo a possibilidade de gravar os caminhos percorridos e consultar dados. Ao chegar no local de destino, o aplicativo proporciona descontos em lojas que tenham aderido à sua rede de benefícios.

Banho Rápido

O aplicativo Banho Rápido possibilita ao usuário monitorar o tempo e a quantidade de água utilizada em cada banho, permitindo cronometrar as duchas e dando dicas de como poupar água no dia a dia. No momento que o aplicativo é instalado, é necessário preencher várias informações, como quantas vezes o xampu é utilizado e quantas vezes por semana o cabelo é lavado, e ainda se é curto ou comprido. Com base nessas informações, o usuário pode verificar se os banhos se tornaram mais "eficazes" pela redução na utilização da água.

Manual de Etiqueta Sustentável: dicas de sustentabilidade

Esse aplicativo está disponível somente para IOS e disponibiliza dicas "verdes" aos seus usuários. Essas sugestões são divididas em temas, como uso responsável da água, consumo de energia elétrica, redução do desperdício e reciclagem. O usuário desse aplicativo pode compartilhar as dicas nas redes sociais para incentivar outras pessoas a aderir à sustentabilidade.

A introdução de novas ferramentas tecnológicas no processo de ensino resultará em readaptação dos métodos existentes, sendo necessário capacitar os educadores quanto ao manuseio dos aplicativos já existentes.

Síntese

Neste capítulo, demonstramos a importância da utilização de tecnologias para a educação ambiental, que, na atualidade, tem o apoio de novas tecnologias nas áreas de informação e comunicação, cujo acesso é ampliado para uma parcela significativa sociedade e abre novas possibilidades para o emprego desses recursos em ambientes escolares. Entre as ferramentas tecnológicas disponíveis na atualidade que podem ser adotadas em ambientes escolares para sensibilizar os educandos para as temáticas ambientais, destacam-se os computadores, *datashows*, celulares, programas e aplicativos e jogos *on-line* que possam gerar uma contribuição para o processo educativo.

Por fim, apresentamos ferramentas tecnológicas que podem trazer grandes benefícios para o processo de ensino, o que demanda a capacitação de educadores para o manuseio das novas tecnologias que vêm surgindo a uma velocidade cada vez mais acelerada.

Atividades de autoavaliação

1. Analise as afirmativas a seguir e indique V para as proposições verdadeiras e F para falsas.

   ( ) Desde sua origem, o ser humano vem utilizado sua capacidade de raciocínio para adquirir novas habilidades e novos conhecimentos, desenvolvendo tecnologias cada vez mais sofisticadas ao longo da história.

   ( ) Nas últimas décadas, foram desenvolvidas novas tecnologias nas áreas de informação e comunicação. Seu acesso foi ampliado para uma parcela significativa da sociedade, evento que abriu novas possibilidades para a utilização desses recursos em ambientes escolares.

   ( ) Atualmente, a adoção de novas tecnologias possibilita a utilização de dados, imagens, resumos e demais informações de maneira rápida e atraente.

   Agora, assinale a alternativa que indica a sequência correta:

a) V, F, F.

b) V, F, V.

c) V, V, F.

d) V, V, V.

e) F, F, F.

2. Com o aperfeiçoamento dos microprocessadores, com a digitalização da informação, sua disseminação e popularização, estabeleceu-se um ajuste estratégico entre quais elementos?

I Audiovisual.

II Informática.

III Telecomunicações.

Assinale a alternativa que apresenta o(s) item(ns) correto(s):

a) I.

b) I e II.

c) II e III.

d) I, II e III.

e) Nenhum dos itens está correto.

3. Analise as afirmativas a seguir e indique V para as proposições verdadeiras e F para as falsas.

( ) Por meio da tecnologia, é possível gerar novas formas de ensino, entre as quais se destaca a popularização de aplicativos em celulares.

( ) Para alcançar a excelência pedagógica, o educador deve inserir as tecnologias de uma maneira eficiente em suas aulas, pois, quando os recursos tecnológicos são bem utilizados, maior é a possibilidade de sucesso no processo de sensibilização para os desafios ambientais da atualidade.

( ) A mera incorporação de TICs em ambientes escolares, por si só, não é capaz de gerar maior excelência no processo de ensino-aprendizagem, pois é necessário avaliar e empregar adequadamente esses recursos nas práticas educativas para demonstrar aos alunos como podem aprender de maneira mais eficiente por meio do uso dessas ferramentas.

a) V, F, F.

b) V, F, V.

c) V, V, F.

d) V, V, V.

e) F, F, F.

4. O telefone celular pode ser utilizado para quais práticas didáticas?

I Criação e edição de vídeos.

II Criação e edição de imagens.

III Pesquisa de temas norteadores.

Agora, assinale a alternativa que apresenta o(s) item(ns) correto(s):

a) I.

b) I e II.

c) II e III.

d) I, II e III.

e) Nenhum dos itens está correto.

5. A interação entre ciência e tecnologia ocorre de um modo tão intenso que alguns autores preferem denominá-las com um único conceito, enfatizando seu atual estado de fusão:

a) Tecnociência.

b) Tecnologia da informação.

c) Tecnologia da educação.

d) Tecnologia da comunicação.

e) Tecnologia ambiental.

Atividades de aprendizagem

Questões para reflexão

1. Em sua opinião, as novas ferramentas tecnológicas disponíveis na atualidade vêm sendo utilizadas com eficácia em ambientes escolares? Por quê?

2. Em sua opinião, para alcançar a excelência pedagógica, o educador deve necessariamente inserir as novas tecnologias em suas aulas? Por quê?

Atividade aplicada: prática

1. Faça uma busca sobre quais ferramentas tecnológicas já estão disponíveis para educadores e como elas podem ser utilizadas como práticas educativas quando necessário.

Considerações finais

Em razão da problemática ambiental vivenciada na atualidade, o desenvolvimento de programas de educação ambiental é de grande importância, já que o mau uso dos recursos naturais pode colocar em risco a própria sobrevivência do ser humano no planeta Terra. Nesse âmbito de ameaças constantes, a educação ambiental deve ser inserida na sociedade de tal maneira que atue como um processo de cidadania, viabilizando uma nova consciência da população.

Programas de educação ambiental bem executados podem contribuir significativamente para uma tomada de consciência da população como um todo, tornando-se instrumentos de modificação da relação do ser humano com a natureza, bem como, ao mesmo tempo, proporcionando uma reflexão acerca do papel do ser humano perante o ambiente natural. Dessa maneira, podemos perceber que as escolas são locais essenciais para a aprendizagem e a disseminação de conceitos sobre o meio ambiente, já que têm a capacidade de formar cidadãos críticos diante dos problemas ambientais.

A difusão da educação ambiental em escolas apresenta relevância significativa para gerar melhorias na qualidade de vida das populações humanas na atualidade e propiciar condições adequadas às gerações vindouras. A preservação ambiental se tornou um consenso planetário na atualidade e os professores têm uma grande oportunidade de transformar os ambientes escolares em multiplicadores de atitudes ambientalmente corretas.

A educação e a problemática ambiental são, antes de tudo, questões que envolvem atores, interesses e concepções de mundo diferentes, e a implementação da educação ambiental nas escolas apresenta uma necessidade urgente de atravessar processos burocráticos e atingir de forma plena os alunos. A presente obra visou capacitar professores para trabalhar as questões ambientais de forma eficiente em sala de aula, aliando a teoria à prática, pois o ser humano é aquilo que vivencia, e as sementes aqui lançadas serão colhidas em um futuro próximo, com as ações combinadas de professores, de alunos e a da comunidade que os cerca.

Referências

ABNT – Associação Brasileira de Normas Técnicas. NBR 10004: resíduos sólidos. Rio de Janeiro, 2004. Disponível em: <https://analiticaqmcresiduos.paginas.ufsc.br/files/2014/07/Nbr-10004-2004-Classificacao-De-Residuos-Solidos.pdf>. Acesso em: 5 out. 2020.

ABRELPE – Associação Brasileira de Empresas de Limpeza Pública e Resíduos Especiais. Disponível em: <https://abrelpe.org.br/brasil-produz-mais-lixo-mas-nao-avanca-em-coleta-seletiva/>. Acesso em: 5 out. 2020.

AGENDA 21 brasileira: resultado da consulta nacional. 2. ed. Brasília: Ministério do Meio Ambiente, 2004. Disponível em: <https://www.mma.gov.br/estruturas/agenda21/_arquivos/consulta2edicao.pdf>. Acesso em: 5 out. 2020.

ALPHANDÉRY, P. et al. O equívoco ecológico. São Paulo: Brasiliense, 1992.

AMARAL, A. Q. et al. Agenda 21 escolar: sua construção por meio de diversas estratégias de ensino. Revbea, Rio Grande, v. 8, n. 1, p. 10-18, 2013. Disponível em: <http://revbea.emnuvens.com.br/revbea/article/view/1807>. Acesso em: 5 out. 2020.

BERTÉ, R. Educação ambiental e cidadania. Curitiba: Champagnat, 2001a. v. 1.

BERTÉ, R. Educação ambiental: construindo valores de cidadania. Curitiba: Champagnat, 2004.

BERTÉ, R. Guia prático de educação ambiental e cidadania. Curitiba: Mileart, 2001b.

BONI, V.; QUARESMA, S. J. Aprendendo a entrevistar: como fazer entrevistas em ciências sociais. Revista Eletrônica dos Pós-Graduandos em Sociologia Política da UFSC, v. 2, n. 1 (3), p. 68-80, jan./jul., 2005.

BRASIL. Constituição (1988). Diário Oficial da União, Brasília, DF, 5 out. 1988. Disponível em: <http://www.planalto.gov.br/ccivil_03/constituicao/constituicao.htm>. Acesso em: 30 set. 2020.

BRASIL. Decreto n. 4.281, de 25 de junho de 2002. Diário Oficial da União, Poder Executivo, 26 jun. 2002. Disponível em: <http://www.planalto.gov.br/ccivil_03/decreto/2002/D4281.htm>. Acesso em: 5 out. 2020.

BRASIL. Lei n. 9.795, de 27 de abril de 1999. Diário Oficial da União, Poder Legislativo, Brasília, DF, 28 abr. 1999. Disponível em: <http://www.planalto.gov.br/ccivil_03/leis/l9795.htm>. Acesso em: 5 out. 2020.

BRASIL. Lei n. 12.651, de 25 de maio de 2012. Diário Oficial da União, Poder Legislativo, Brasília, DF, 28 maio 2012. Disponível em: <http://www.planalto.gov.br/ccivil_03/_ato2011-2014/2012/lei/l12651.htm>. Acesso em: 5 out. 2020.

BRASIL. Conselho Nacional do Meio Ambiente. Resolução n. 6, de 19 de setembro de 1991. Diário Oficial da União, Brasília, DF, 30 out. 1991. Disponível em: <http://www.adasa.df.gov.br/images/stories/anexos/conama_res_cons_1991_006.pdf>. Acesso em: 5 out. 2020.

BRASIL. Ministério do Interior. Portaria n. 53, de 1º de março de 1979. Diário Oficial da União, Brasília, DF, 8 mar. 1979. Disponível em: <http://www.ima.al.gov.br/wp-content/uploads/2015/03/Portaria-nb0-53.79.pdf>. Acesso em: 5 out. 2020.

BRASIL. Ministério do Meio Ambiente. Glossário. Disponível em: <https://www.mma.gov.br/areas-protegidas/cadastro-nacional-de-ucs/glossario.html>. Acesso em: 5 out. 2020a.

BRASIL. Ministério do Meio Ambiente. O que são. Disponível em: <https://www.mma.gov.br/areas-protegidas/unidades-de-conservacao/o-que-sao.html>. Acesso em: 5 out. 2020b.

BRASIL. Ministério do Meio Ambiente. Programa das Nações Unidas para o Meio Ambiente. Agenda 21 brasileira: bases para discussão. Brasília, 2000. Disponível em: <https://edisciplinas.usp.br/pluginfile.php/8457/mod_resource/content/1/bases_discussao_agenda21.pdf>. Acesso em: 5 out. 2020.

BUARQUE, C. Da modernidade técnica à modernidade ética. In: ASSAD, J. E. (Coord.). Desafios éticos. Brasília: Conselho Federal de Medicina, 1993. p. 20-24.

CAPRA, F. O ponto de mutação: a ciência, a sociedade e a cultura emergente. São Paulo, Cultrix, 1982.

CNUMAD – Conferência das Nações Unidas sobre Meio Ambiente e Desenvolvimento. Agenda 21 Global. Disponível em: <https://www.mma.gov.br/responsabilidade-socioambiental/agenda-21/agenda-21-global.html>. Acesso em: 5 out. 2020.

CRUZ, A. C. S.; ZANON, A. M. Agenda 21: potencialidade para educação ambiental visando à sociedade sustentável.

Revista Eletrônica Mestrado em Educação Ambiental, v. 25, jul./dez. 2010. Disponível em: <https://periodicos. furg.br/remea/article/view/3518>. Acesso em: 5 out. 2020.

COMPIANI, M. Utopias e ingenuidades da educação ambiental? Ciência & Educação, Bauru, v. 23, n. 3, p. 559-562, jul./ set. 2017. Disponível em: <https://dialnet.unirioja.es/ servlet/articulo?codigo=6143990>. Acesso em: 5 out. 2019.

CORSON, W. H. Manual global de ecologia: o que você pode fazer a respeito da crise do meio ambiente. São Paulo: Augustus, 1996.

CURY, C. R. J. Educação e contradição: elementos metodoló- gicos para uma teoria crítica do fenômeno educativo. São Paulo: Cortez, 1985.

DOWBOR, L. Tecnologias do conhecimento. 2. ed. Petrópolis: Vozes, 2001.

FERRARI, A. F. A responsabilidade como princípio para uma ética da relação entre ser humano e natureza. Revista Eletrônica do Mestrado em Educação Ambiental, Rio Grande, v. 10, 2003.

GIL, A. C. Como elaborar projetos de pesquisa. 4. ed. São Paulo: Atlas, 2002

JACOBI, P. R. Educação ambiental, cidadania e sustentabili- dade. Cadernos de Pesquisa, São Paulo, n. 118, mar. 2003. Disponível em: <https://www.scielo.br/scielo. php?script=sci_arttext&pid=S0100-15742003000100008>. Acesso em: 5 out. 2020.

LARA, R. da C. Impressões digitais entre professores e estudantes: um estudo sobre o uso das TIC na forma- ção inicial de professores nas universidades públicas de Santa Catarina. 2011. 154 f. Dissertação (Mestrado em

Educação). Universidade do Estado de Santa Catarina, Florianópolis, 2011.

LEFF, H. Ecologia y capital: racionalidad ambiental, democracia participativa y desarollo sustentable. México: Siglo XXI, 1986.

LEFF, E. Educação ambiental e desenvolvimento sustentável. In: REIGOTA, M. (Org.). Verde cotidiano em discussão. 2. edição. Rio de Janeiro: DP&A, 2001. p. 122-140.

LIMA, V. B; ASSIS, L. F. de. Mapeando alguns roteiros de trabalho de campo em Sobral (CE): uma contribuição ao ensino de Geografia. Revista da Casa de Geografia de Sobral, v. 6/7, n. 1, 2004/2005. Disponível em: <https://rcgs. uvanet.br/index.php/RCGS/article/view/125>. Acesso em: 5 out. 2020.

MIMETISMO. In: Dicionário Priberam. Disponível em: <https:// dicionario.priberam.org/mimetismo>. Acesso em: 5 out. 2020.

MININNI-MEDINA, N. Educação ambiental em centros urbanos: a problemática das incorporações de valores éticos. In: CONGRESSO HABITAT. Anais..., 2., 1998, Florianópolis. Mimeografado.

MORAN, J. M. Ensino-aprendizagem: inovadores com tecnologias audiovisuais e telemáticas. In: MORAN, J. M.; MASSETO, M. T.; BEHRENS, M. A. (Org.). Novas tecnologias e mediação pedagógica. 15. ed. Campinas, SP: Papirus, 2009.

NAGLE, J. Educação e sociedade na Primeira República. São Paulo: EPU; Rio de Janeiro: Fundação Nacional de Material Escolar, 1974.

ÓRGÃO GESTOR DA POLÍTICA NACIONAL DE EDUCAÇÃO AMBIENTAL. Juventude, cidadania e meio ambiente: subsídios para elaboração de políticas públicas. Ministério do Meio Ambiente. Ministério da Educação. Brasília: Unesco, 2006.

REGO, J. R. S.; CRUZ JUNIOR, F. M.; ARAUJO, M. G. S. Uso de jogos lúdicos no processo de ensino-aprendizagem nas aulas de Química. Estação Científica (Unifap), Macapá, v. 7, n. 2, p. 149-157, maio/ago. 2017.

ROCHA, L. A. G.; CRUZ, F. M.; LEÃO, A. L. Aplicativo para educação ambiental. XI Fórum Ambiental da Alta Paulista, v. 11, n. 4, p. 261-273, 2015.

RODRIGUES, G. S. S. C.; COLESANTI, M. T. M. Educação ambiental e as novas tecnologias de informação e comunicação. Sociedade & Natureza, Uberlândia, v. 20, n. 1, p. 51-66, jun. 2008. Disponível em: <https://www.scielo.br/pdf/sn/v20n1/a03v20n1.pdf>. Acesso em: 5 out. 2020.

SANTOS, M. A natureza do espaço. Técnica e tempo. Razão e emoção. São Paulo: Hucitec, 1997.

SCHAUN, A. Educomunicação. Rio de Janeiro: Mauad, 2002.

SEED – Secretaria de Estado da Educação. Construindo a Agenda 21 Escolar. Disponível em: <http://www.comscientia-nimad.ufpr.br/2006/02/acervo_cientifico/artigos_tematicos/agenda_21_ana_maria.pdf>. Acesso em: 5 out. 2020.

SENA, D.; BURGOS, T. O computador e o telefone celular no processo ensino-aprendizagem da educação física escolar. SIMPÓSIO HIPERTEXTO E TECNOLOGIAS NA EDUCAÇÃO. Anais eletrônicos..., 3. Pernambuco, Universidade Federal de Pernambuco, 2010. Disponível em: <http://nehte.com.br/simposio/anais/

Anais-Hipertexto-2010/Dianne-Sena-Taciana-Burgos. pdf>. Acesso em: 20 ago. 2020.

SILVA, G. R. F. et al. Entrevista como técnica de pesquisa qualitativa. Online Brazilian Journal of Nursing, v. 5, n. 2, 2006. Disponível em: <https://www.redalyc.org/pdf/3614/361453972028.pdf>. Acesso em: 5 out. 2020.

SILVA, J. M. A. et al. Quiz: um questionário eletrônico para autoavaliação e aprendizagem em genética e biologia molecular". Revista Brasileira de Educação Médica, v. 34, n. 4, p. 607-614, 2010. Disponível em: <https://www.scielo.br/scielo.php?script=sci_arttext&pid=S0100-55022010000400017&lng=en&nrm=iso&tlng=pt>. Acesso em: 5 out. 2020.

TOFLER, A. A terceira onda. 14. ed. Rio de Janeiro: Record, 1980.

Apêndice A

Questionário de avaliação do bairro, de acordo com Berté (2004).

Nome do bairro:

I. Saneamento básico

1. Rede de esgotos

   a. ( ) há em todas as ruas
   b. ( ) há somente em algumas ruas
   c. ( ) não há

2. 2. Coleta do lixo

   a. ( ) há coleta
   b. ( ) não há coleta

II. Urbanização

1. Ruas

   a. ( ) as ruas são amplas e têm calçadas para pedestres

b. ( ) apenas algumas ruas são amplas e têm calçadas para pedestres

2. Pavimentação

a. ( ) há pavimentação em todas as ruas
b. ( ) há pavimentação apenas em algumas ruas
c. ( ) todas as ruas são de terra ou saibro

3. Arborização

a. ( ) há árvores em todas as ruas
b. ( ) há árvores apenas em algumas ruas
c. ( ) não há árvores nas ruas

III. Lazer

1. Praças

a. ( ) há praças com árvores e jardins, bancos para descanso e áreas para as crianças brincarem
b. ( ) há praças mal cuidadas, sem árvores, jardins ou áreas para as crianças brincarem
c. ( ) não há praças

IV. Representação

1. Associação dos Moradores do Bairro

a. ( ) há e representa o bairro junto as autoridades
b. ( ) não há

Como contar os pontos:

Professor:

O professor tem a necessidade de acompanhar a contagem dos pontos junto com os alunos e realizar comentários após cada item, conforme demonstrado a seguir:

I. Saneamento básico

Questão 1
a = 10 pontos
b = 05 pontos
c = 00 pontos
Questão 2
a = 10 pontos
b = 00 pontos

Tabela 1 - Gabarito do questionário de avaliação do bairro

II. Urbanização	
Questão 1	
Alternativa (a)	10 pontos
Alternativa (b)	00 pontos
Alternativa (c)	00 pontos
Questão 2	
Alternativa (a)	10 pontos
Alternativa (b)	05 pontos
Alternativa (c)	00 pontos
Questão 3	
Alternativa (a)	10 pontos
Alternativa (b)	05 pontos
Comentário do professor: Os seres humanos apresentam a tendência de optar por viver em locais que contenham uma beleza, e bairros que apresentam ruas estreitas, sem pavimentação e ausência de plantas acabam não gerando prazer em seus habitantes.	
II. Lazer	
Questão 1	
Alternativa (a)	10 pontos
Alternativa (b)	05 pontos
Alternativa (c)	00 pontos

(continua)

(Tabela 1 – conclusão)

Comentário do professor
As pessoas apresentam a necessidade de se distrair, e as crianças, principalmente, necessitam de locais para a diversão, como correr, passear de bicicleta, jogar futebol, praticar natação, brincadeiras de esconde-esconde, entre outras. As atividades de lazer são de grande importância, pois trazem benefícios para o corpo e o espírito.

IV. Representação	
Questão 1	
Alternativa (a)	10 pontos
Alternativa (b)	00 pontos

Comentários do professor
As condições apresentadas neste modelo de questionário podem ser aos poucos conseguidas quando existe uma associação de moradores que os representem junto às autoridades. As associações possibilitam que os moradores se reúnam e realizem discussões sobre os problemas a serem enfrentados no bairro.

Fonte: Elaborado com base em Berté, 2004.

Abordagem

Quantos pontos fez seu bairro? _____

Seu bairro obteve o máximo de pontos em todos os setores?

_____

Que setores apresentam a necessidade de serem melhorados? _____

Que setores devem ser urgentemente melhorados? _____

_____

- Caso, eventualmente, seu bairro tenha atingido uma marca igual, ou superior, a 60 pontos, isso indica que você habita um bairro com excelentes condições.
- Se seu bairro obteve uma pontuação igual, ou acima, de 30 pontos, ele apresenta boas condições.

🖝 Caso seu bairro tenha obtido uma pontuação inferior a 25 pontos, ele precisa de uma grande melhora.

Com base nesses dados, sugerimos que seja realizada a seguinte pergunta: Seu bairro pode ser considerado excelente, bom ou precisa melhorar muito?

Comentário do professor: se seu bairro não obteve uma pontuação considere excelente (na grande maioria dos casos), há muito trabalho a ser desenvolvido. Grande parte das melhorias demanda intervenção do governo. Entretanto, os moradores do bairro podem cooperar por meio do encaminhamento de solicitações às autoridades em conjunto com a Associação de Moradores.

Apêndice B

Criação de eventos em datas comemorativas para a conservação da natureza:

01/01 – Dia Mundial da Paz
21/03 – Dia Internacional da Floresta
21/03 – Dia Nacional da Terra
22/03 – Dia Mundial da Água
07/04 – Dia Mundial da Saúde
15/04 – Dia Nacional da Conservação do Solo
19/04 – Dia do Índio
22/04 – Dia do Planeta Terra
01/05 – Dia do Trabalho
22/05 – Dia do Trabalhador Rural
31/05 – Dia Mundial do Combate ao Fumo
05/06 – Dia Mundial do Meio Ambiente e da Ecologia
11/06 – Dia do Educador Sanitário
17/06 – Dia Mundial do Combate à Desertificação e à Seca
16/07 – Dia da Proteção às Florestas
22/07 – Dia da Agricultura
05/08 – Dia Nacional da Saúde

14/08 – Dia do Combate à Poluição

29/08 – Dia Nacional do Combate ao Fumo

05/09 – Dia Mundial da Amazônia

21/09 – Dia da Árvore

21/09 a 27/09 – Semana Nacional da Ecologia

22/09 – Dia Nacional da Fauna

04/10 – Dia Mundial dos Animais

05/10 – Dia da Ave

12/10 – Dia do Mar

30/11 – Dia do Estatuto da Terra

10/12 – Dia Universal dos Direitos Humanos

29/12 – Dia Internacional da Biodiversidade

Respostas

Capítulo 1

Atividades de autoavaliação

1. c

2. b

3. d

4. a

5. d

Capítulo 2

Atividades de autoavaliação

1. b
2. e
3. e
4. b
5. b

Capítulo 3

Atividades de autoavaliação

1. d
2. d
3. b
4. a
5. d

Capítulo 4

Atividades de autoavaliação

1. d
2. d
3. d
4. a
5. b

Capítulo 5

Atividades de autoavaliação

1. d
2. d
3. d
4. b
5. a

Capítulo 6

Atividades de autoavaliação

1. d

2. d

3. d

4. d

5. a

Sobre os autores

André Maciel Pelanda

Tem graduação em Bacharelado em Biologia (2011) pela Pontifícia Universidade Católica do Paraná (PUCPR), especialização em Gestão Ambiental e Desenvolvimento Sustentável (2014) pelo Centro Universitário Internacional Uninter e mestrado em Governança e Sustentabilidade (2015) pelo Instituto Superior em Administração e Economia do Mercosul. Tem experiência na área de ornitologia, por meio de inventários de espécies e estudos populacionais com utilização de redes de neblina e anilhamento. Atualmente exerce cargo na tutoria central do Curso Superior Tecnológico em Gestão Ambiental e Curso Superior Tecnológico em Saneamento Ambiental do Centro Universitário Internacional Uninter.

Rodrigo Berté

Tem graduação em Bacharelado em Ciências Biológicas (1998) pela Universidade Federal do Paraná (UFPR), especialização em Educação Ambiental pela Fundação Universidade de Brasília, especialização em Clonagem Vegetal pela Pontifícia Universidade

Católica do Paraná (PUCPR), especialização do Programa de Aperfeiçoamento em Ciências pela Capes-MEC e Uniderp-MS, especialização em Assentamentos Urbanos e Rurais pelo Ministério das Cidades, especialização em Orientadores de EAD pelo Centro Universitário Internacional Uninter, doutorado em Meio Ambiente e Desenvolvimento (2002) pela UFPR. É pós-doutorando em Educação e Ciências Ambientais pela Universidade Nacional de Ensino à Distância (Uned, Madrid-ES). Atualmente, é diretor acadêmico na Escola Superior de Saúde, Biociências, Meio Ambiente e Humanidades no Centro Universitário Internacional Uninter. Foi coordenador de pós-graduação no Projeto da TV SKY Uninter, técnico de laboratório concursado da Universidade Estadual de Mato Grosso do Sul (UFMS), coordenador geral do Projeto Ecológico Cinturão Verde–Petróleo Brasileiro S.A, coordenador do Projeto Escolas Sustentáveis do Instituto Camargo Correia, Secretário do Meio Ambiente da Prefeitura Municipal de Fazenda Rio Grande por 7 anos. Tem experiência na área ambiental, com ênfase em ciências ambientais. Autor de 8 livros, atua há 12 anos no ensino a distância como diretor acadêmico. Faz parte do movimento ambientalista brasileiro e é membro do Parlamento das ONGs nas Nações Unidas. Finalista do Prêmio Jabuti entre as 10 melhores obras da área de Administração e Negócios, com o livro A *logística reversa e as questões ambientais no Brasil*, da Editora InterSaberes. Foi professor titular (2013-2014) do Mestrado Profissional Governança e Sustentabilidade do ISAE/FGV. Faz parte do Grupo de Estudo e Pesquisa em Engenharia de Serviços, registrado no CNPQ. Membro do Comitê de Política Editorial da *Revista Científica Meio Ambiente e Sustentabilidade*. Orientou mais de 160 trabalhos acadêmicos e mais de 124 publicações em periódicos científicos e na mídia. É presidente do Conselho da Comunidade – Órgão da Execução Penal na Comarca de Fazenda Rio Grande-PR.

Impressão:
Novembro/2020